城市公共空间湿地景观艺术

金萱 著

新华出版社

图书在版编目 (CIP) 数据

城市公共空间湿地景观艺术 / 金萱著 . — 北京：
新华出版社 , 2020.7

ISBN 978-7-5166-5207-7

Ⅰ.①城… Ⅱ.①金… Ⅲ.①沼泽化地 – 城市景观 –
景观设计 – 研究 Ⅳ.① P941.78 ② TU984.1

中国版本图书馆 CIP 数据核字（2020）第 115400 号

城市公共空间湿地景观艺术

著　　者：金　萱

责任编辑：蒋小云　　　　　　　　　　封面设计：崔　蕾

出版发行：新华出版社

地　　址：北京石景山区京原路 8 号　　邮　　编：100040

网　　址：http：//www.xinhuapub.com

经　　销：新华书店

　　　　　新华出版社天猫旗舰店、京东旗舰店及各大网店

购书热线：010-63077122　　　中国新闻书店购书热线：010-63072012

照　　排：北京亚吉飞数码科技有限公司

印　　刷：三河市铭浩彩色印装有限公司

成品尺寸：170mm×240mm

印　　张：12　　　　　　　　　　　字　　数：215 千字

版　　次：2021 年 3 月第一版　　　印　　次：2021 年 3 月第一次印刷

书　　号：ISBN 978-7-5166-5207-7

定　　价：62.00 元

前　言
Preface

重塑城市中的诗意栖居地
Recreating poetic habitats in the City

德国诗人荷尔德林曾在诗中写道：人，诗意的栖居在大地上。湿地景观，就是一个从来不缺诗意的地方。自古以来，人们对湿地景观的描述总是充满着诗情画意。唐代王勃的"落霞与孤鹜齐飞，秋水共长天一色"，宋代李清照的"常记溪亭日暮，沉醉不知归路。兴尽晚回舟，误入藕花深处"，明代王跂的"水禽踏浪飞还走，涧草衔花腊已春。潮近长沙卑湿地，斜阳万里起层阴"，明代张璁的"落日放舟循桔浦，轻霞入径是桃源"等诗词名句，均形象地描述了湿地生境的风光如画、优美醉人，体现了历代古人对湿地美景的喜爱之情。在当代社会，湿地景观是人们缓解压力、抒发情怀的地方。随风摇曳的植物、水中嬉戏的鱼禽，让繁忙的都市人在劳碌之余卸下疲惫、调整心情，享受大自然赋予他们的轻松愉悦和诗意盎然。事实上，湿地自然环境除了拥有沁人心脾的美景、令人陶醉的诗意之外，湿地资源对当地的生态环境、经济发展以及文化生活等方面都产生着重要的影响。湿地环境具有强大的综合生态功能，在涵养水源、净化水质、调节气候、维护生物多样性等方面具有重要价值，被誉为"地球之肾"。湿地物产丰富，是水产品、禽畜产品、谷物、药材、能源等的重要产地，为人类的生存与发展提供了坚实的物质基础。湿地还为当地居民提供了优良的文化活动空间，为休闲、娱乐、教育、科研等活动提供了场所。由此可见，湿地生态系统对人类的可持续发展[①]具有重要意义。

---

① 可持续发展一词，最早出现于20世纪80年代。1987年，世界环境与发展委员会发表《我们共同的未来》报告，将可持续发展定义为既能满足当代人的需要，又不对后代人满足其需要的能力构成危害的发展。人类社会的可持续发展由生态可持续发展、经济可持续发展、社会可持续发展和文化可持续发展四个相互联系、不可分割的方面组成。

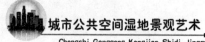
　　然而，随着城市面积的不断扩展和生态环境的不断破坏，自然湿地面积逐渐减少，湿地净水能力也慢慢下降，不少珍稀湿地生物物种濒临灭绝。然而，自然与城市并不是两个相互矛盾的对立面。事实证明，城市中各种问题不断出现的原因，很大一部分是人类与自然环境对抗的结果。生存环境的不断恶化使人们逐渐意识到，保持良性的生态、健康的环境，才能使城市得以长远的发展。因此，如何将自然生态融入城市建设进程中，融入市民工作生活中，形成人与自然的和谐共生，成为城市可持续发展的重要议题。有"城市的客厅"之称的城市公共空间，对城市容貌及市民生活的重要性不言而喻。然而，我们应该认识到，它不仅是为人类服务的空间，同时也应该是为动植物服务的空间，是人类、动物和植物和谐相处的生态乐园。在城市公共空间运用人工技术和生态美学重塑湿地系统，是实现市民"诗意栖居"的好方法。人工湿地景观不仅以低投资、低运行费、高生态环境效益等优点提高城市环境生态质量，并且其独特的湿地视觉审美艺术对增强城市文化意蕴，寻求生态与人文的和谐共生方面具有重要价值。因此，人工湿地景观在建设可持续发展城市过程中的地位不言而喻。城市公共空间中的人工湿地景观不仅能够净化城市废水、改善城市生态，还为湿地生物群落在城市中提供了生存的环境，从而不仅有效的保护自然物种的多样性，建立自然与城市的和谐共处模式，也为调节城市环境、舒缓城市节奏、丰富市民精神生活、促进经济发展提供了帮助。因此，理解湿地生态系统，欣赏湿地艺术精神，利用人工技术在城市公共空间中建设既有生态环保价值，又具文化艺术意蕴的人工湿地景观系统，是城市环境规划设计的重要任务之一。

　　本书分别从生态价值、艺术审美和文化理念三个角度，阐述城市公共空间湿地景观的可持续性特点，详细介绍湿地景观艺术的生态价值与美学意蕴，并探讨其艺术设计手法和营造原则，提出在生态的基础上建设具有文化和艺术双重价值的城市诗意栖居地。本书第一部分从探讨城市生态环境的现状入手，引入湿地自然资源和人工湿地景观艺术的概念，介绍湿地景观艺术的源流和发展，以及现代城市建设中人工湿地技术；第二部分则回顾了城市公共空间的发展渊源和现状，以及公共空间景观艺术的发展历程，指出以良性生态循环为基础的景观艺术是城市公共空间景观发展的趋势，并分析湿地景观艺术在城市公共空间景观建设中的意义；第三部分从艺术设计的角度探讨城市人工湿地景观的创造方法、美学观和价值取向等方面的问题；第四部分着重分析了城市公共空间湿地景观的文化意蕴；第五部分总结了城市公共空间中的人工湿地景观营造原则和应该注意的问题；第六部分则通过几则典型实例，详细地分析了城市公共空间中人工湿地景观的设计方法和使用现状,并展望这一类生态景观的发展前景。

　　以生态学为基础,以人工湿地技术为手段,以城市公共空间为舞台,从艺术设计的角度探讨湿地生态系统与城市景观的结合是本书的独特之处。基于此,作者探讨了城市生态环境、城市公共空间景观艺术,以及在城市公共空间中重塑湿地景观的可能性等问题。本书通过考察湿地系统,了解其生态原理,分析其景观功能,寻求湿地作为自然景观环境与城市人文景观的艺术结合点,研究如何在生态化的基础上进一步创造人文艺术美,在物质和精神两方面提高城市质量,为市民创造一个既健康又有艺术氛围的情感空间,为可持续的生态城市建设提供理论支持。

　　本书不仅对与景观设计专业相关的学生、设计师、工程技术人员是一部有价值的参考文献,对所有关注、热爱城市环境的社会人士来说,都是一部很好的参阅资料。本书旨在帮助读者了解城市公共空间生态和艺术的重要性。读者将会从此书中获得对湿地自然资源的认识、对人工湿地技术的了解、对在城市公共空间中重塑湿地景观艺术的理解,以及培养自身对自然的热爱、对周边生态环境、艺术氛围的敏锐观察力和感受力。本书期望让每个读者都能明白,城市与自然的和谐是可持续发展的关键,进而使每个人都能提高自身对生态的保护与对自然的欣赏意识。这也正是本书写作的最终目的。

　　谨以此书敬献给我敬爱的老师们,他们渊博的知识、活跃的思路、无私的分享以及谆谆教诲和鼓励赋予了我做学术研究的方法和信心。他们是我在专业道路上不断探索前行的榜样。此书献给我的家人们,他们以各自的方式对我的激励和支持,是我持续追求理想的动力。本书特别献给我的女儿,这个对自然中的一切充满好奇的快乐小精灵让我懂得了世界的美好,让我的坚持更加有意义。

金　萱
阿恩斯贝格,德国
2020 年 6 月 7 日

目　录

水鸟的天堂

卓俊标

喜欢和同事结伴，
共享这片净地。
那水草深处几张
笑脸的倒影被嬉戏的鱼儿画成
独特的天然水墨画。
白鹭鸶猛地结群而起
从竹林中，从芦苇荡里……
它们选择在黄牛角尖上停歇，
用嘴整理身上的毛羽。
悠然自得
我们试图和它靠近，
以一种谦卑的姿态
不作声，不移步，静观其变……

如镜的湖面映衬四周醉人的湿地美景
水鸟们在半空，
或水面轻舞
此时的我们只能平卧草地，
静静地
倾听风的低吟，
鸟的喃语
将双眼微闭吧，
却看见
天空像水一般清澈，
水像天空一样透明。

荷　塘

孙茂忠

弯弯的初月，
在薄云间徘徊。
远远那塘中，层层叠叠的荷叶下，
看不清那一点若隐若现塘中的月光……
是月圆？
是月缺！
是月涟漪……

我能感到，
在荷塘水中，
遥远的，又那样不平静。
鱼儿咬月，水波粼粼，
熟睡的水鸟偶尔梦中喃喃低语。
水塘之中似乎有什么，
在慢慢地积聚，在缓缓地升起……
是这样的静默和饱满！
那是万物在悄悄地生长……
在水中，在泥土里，在石块旁，
弥漫在荷塘，
弥满了整个夜色！
能嗅到，那水在夜色中的滋养，
蛙儿争鸣，草儿清香！
在月夜，在荷塘，
在春天里。
是一种生的力量！

绪 论

久居于喧闹拥挤的现代都市环境中的人们,渴望在享受城市便利的同时,拥有乡野般自然、静谧、优美而淳朴的生活环境。清新的空气、明媚的阳光,随风拂动的芦苇、碧波荡漾的水面,鱼鸟悠游嬉戏、莲荷吐露芬芳。自然中的生灵仿佛有着神奇的力量,给贴近它们的人带来新的活力与灵气。然而,在城市化快速发展的今天,人类的生存环境却往往事与愿违,离自然野趣越来越远。蜗居在高楼大厦里的城市居民逐渐被剥夺了大自然赋予的权利,奔波于钢筋水泥的森林中,沦落于技术和财富的炫耀中,也失落在不知何去何从的彷徨中。而那些以经济利益为重的开发商们很少真正从环境治理的角度建设和改造我们的城市。要么无端搬抄外来形式,要么故弄噱头概念炒作。打着"生态"旗号的设计概念,实际上以巨大的经济浪费为代价。表面化的形式对改善环境质量毫无帮助,非但没有从根本上解决问题,甚至于走向生态的反面,导致空气、水等环境因素日趋恶化,引发诸多"城市病"。没有健康、优良的生态环境基础,艺术也失去了应有的魅力。如何真正的从生态保护出发,建设可持续发展的城市景观艺术,是一个值得深思的问题。根据对我国淡水资源的现状、湿地系统的生态价值与美学价值、中国的自然观、景观生态学、环境伦理学五个方面的理论背景梳理,我们逐渐意识到,要想改善城市问题,建设可持续且充满诗意的市民生活环境,借助人工湿地生态技术在城市公共空间重塑湿地景观艺术,不失为一种有益的尝试。在净化废水、改善环境质量、保护物种多样性的同时,城市公共空间中的人工湿地景观将以其独特的视觉审美为市民提供独特的文化场所、教育和科研基地、休闲娱乐空间,也为促进当地经济的进一步发展提供了良好的契机。

1. 我国淡水资源的现状

水是生命之源,是生物体生存和健康发展的基本条件。水资源也是重要的环境要素,具有调节气候、保护生物多样性等多种环境功能(图1)。水也是国家的基础性自然资源,在工业、农业经济的可持续发展以及社会生活的健康运行等方面发挥着重要作用。这里所说的水,是指能够被人类所开采利用的淡水。然而,地球上的淡水资源并不是无限的。尽管地球 70% 的面积被水覆盖,然而,能够满足生命需求的淡水资源却只占水资源总量的 2.5% 左右,而真正能够被人类开采利用的淡水却不到地球淡水总量的 1%。自 20 世纪 80 年代以来,随着工业、农业的扩张、人口数量的不断增长及消费方式的改变,世界对淡水资源的需求量以每年 1% 的速度在增长。因此,世界淡水资源面临着严重的危机[1]。尽管我国的淡水资源总量位居世界前列,但因人口众多,用水量大,人均水资源比较贫乏。据统计,中国的淡水资源总量为 28000 亿立方米,占全球水资源的 6%,但人均只有 2300 立方米,仅为世界平均水平的 1/4,在世界上名列 110 位,是全球人均水资源最贫乏的国家之一。[2]另外,我国淡水资源的时空分布十分不均,加上旱灾时有发生,目前全国 660 个城市中,有 400 多个城市不同程度的缺水,其中 108 个严重缺水。[3]同时,随着各地人口增长和经济发展的不平衡,各地用水量差异较大,北方城市水资源供需矛盾更加突出。尤其是华北地区,人多水少,其用水量大大超过了水资源的承载能力。更为严重的是,在人均水资源如此匮乏的情况下,我国淡水资源的水质保护情况却不容乐观。各地的水污染现象屡见不鲜。每年大量来自工业、农业和生活等方面的污水未经处理就排入江、河、湖等水系,使得水域环境受到严重破坏。根据 2019 年对我国七大水系断面监测,全国浅层地下水大约有 50% 的地区遭到一定程度的污染,约一半城市市区的地下水污染的程度比较严重。由此可以看出,我国整个地表水系遭受污染的状况相当严重,地下水资源也存在着不同程度的污染,可用的淡水资源越来越少,各个地区均面临着严重的水危机。目前,我国各大城市均建有污水处理厂,但污水处理普遍存在投资和运行费用高、水处理量小、处理水平低、易产生二次污染等问题。据统计,目前大部分污水处理厂的污水处理量滞后于污水排放量,全国约 80% 的城市污水未经任何有效的收集处理就直接排放到附近的水系中。因此,水资源形势不容乐观。

目前我国积极采取各项措施缓解水资源危机,如减少水污染、保护水资源、提高水资源利用率、调水工程、发展污水净化技术、推广节水措施等。每年的 3 月 22 日到 28 日被定为"中国水周",提倡人人护水节水,珍惜水资源。然而,面对巨大的水资源消耗量和污水净化压力,有必要开

---

[1] UNESCO《The United Nations world water development report 2019: leaving no one behind》, UNESCO World Water Assessment Programme, 2019, p1
[2] 中国教育报,2004 年 4 月 5 日,第 7 版
[3] 王祥荣编著,《生态建设论——中外城市生态建设比较分析》,南京:东南大学出版社,2004,p240

发一种更加经济、健康、生态的污水处理方式,形成良性水循环,提高有限的水资源的使用率。

图 1　湿地中的淡水资源

2. 湿地系统

湿地是陆生生态系统和水生生态系统之间的过渡地带,与森林、海洋并称为全球三大生态系统。它具有独特的水文、土壤和动植物特征(图2)。"湿地占地球表面面积的 6%,却为世界上 20% 的生物提供了生境,这还不包括许多湿地中未知的生命形式"[①]。这其中包括不少世界珍稀、濒危的动植物物种,如胭脂鱼、丹顶鹤、扬子鳄、朱鹮、水蕨等。因此,"湿地是地球众多野生动物、植物的最重要生存环境之一,生物多样性极为丰富"[②]。同时,湿地对净化水体和空气的质量,改善和调节人居生态环境有重要意义,不但具有多种生态服务功能,而且还可以产生社会经济效益,并具有极高的美学价值。但是由于经济发展、认识滞后等诸多原因,全球的湿地资源正遭受史无前例的破坏。世界自然保护机构认识到了湿地的作用及面临的危机,于 1971 年 2 月 2 日,在世界自然保护联盟(IUCN)的组织下,在伊朗的拉姆萨尔市召开了"湿地及水禽保护国际会议"。来自 18 个国家的代表共同签署了《国际湿地公约》(全称为《关于特别是作为水禽栖息地的国际重要湿地公约》)。公约中写道:"考虑到湿地的调节水分循环和维持湿地特有的植物特别是水禽栖息地的基本生态功能;相信湿地具有巨大经济、文化、科学及娱乐价值的资源,其损失将不

[①]　严承高,张明祥,王建春,《湿地生物多样性价值评价指标及方法研究》,林业资源管理,2000 年第 1 期,p42
[②]　俞孔坚,李迪华,《城市景观之路——与市长们交流》,北京:中国建筑工业出版社,2003,p154

可弥补；期望现在及将来阻止湿地的被逐步侵蚀及丧失。"[①] 明确了湿地系统在各个方面的重要价值和对人类发展的意义，并确认湿地资源的国际属性，呼吁各个国家和地方政府与国际行动统一协调、积极合作，共同保护珍贵的世界湿地资源。湿地公约组织把每年的 2 月 2 日定为"国际湿地日"。经过近 50 年的发展，国际湿地公约组织的缔约方目前达到了170 个。在各国的努力与合作之下，世界湿地资源恢复和保护成果显著。进入 21 世纪以来，2000 多块国际重要湿地得到了规范的保护。中国于1992 年加入《国际湿地公约》，认真履行公约的责任和义务，着手从国家到地方建立湿地保护立法和相关管理机构，制订了一系列湿地恢复和保护措施及规划。

图 2　在湿地中觅食的水禽

　　近 30 年的时间里，我国在保护自然湿地方面取得了显著的成绩。全国有 57 处湿地进入国际重要湿地名录，受到重点关注与保护，如黑龙江扎龙国家级自然保护区、湖南东洞庭湖国家级自然保护区、江苏盐城国家级珍禽自然保护区、上海市崇明东滩鸟类自然保护区、西藏色林错黑颈鹤国家级自然保护区、湖北网湖湿地自然保护区、山东济宁市南四湖自然保护区、张掖黑河湿地国家级自然保护区、浙江杭州西溪国家湿地公园、四川若尔盖湿地国家级自然保护区、广西山口红树林国家级自然保护区等。然而，我们还应该看到，湿地与农业生产、工业发展、房地产开发、城市建设的矛盾现象时有发生。尤其是近年来随着城市化的快速发展，城市建筑用地日益扩张，工农业废水和生活污水肆意排放，自然湿地的面积正在逐渐变小,有些地区的湿地已经开始消失,有些地区的湿地受到严重污染,生态功能退化,物种减少,人们的生产、生活也受到了严重的影响。如何在不断发展城市文明、扩建城市领地的同时,保护湿地、恢复湿地、重塑湿地,使其在我们生活的现代城市环境空间中发挥应有的生态价值,使湿地动植物与市民的社会生活相互补充,和谐共生,是城市建设者应该考虑的问题。

3. 中国的自然观念

在古代,中国人就开始以"五行"来表述客观世界,认为金、木、水、火、土,是自然万物的源泉,其运动遵循阴阳之道,这是中国哲学的起点也是中国的自然观念的基础。中国历代关于宇宙的本原有着多种解释,其中儒、道、佛三家的哲学思想对中国自然观念的发展具有重要的影响,而最有影响力的是老子的道家思想。对于世界观的基本问题,老子在《道德经》第二十五章中写道"人法地,地法天,天法道,道法自然"。其中所说的"道法自然"就是道家哲学的核心思想。这种自然观念成为中国人对待生命和外部世界所持有的独特的态度。置身自然,融入自然,与自然万物对话,感受每一个生命的绽放带给我们的喜悦,体味回归乡野的轻松惬意,从而获得心灵的宁静,感悟生命的终极意义。这种自然观是中国历代艺术追求的理想境界。从现代社会快速发展的今天看来,这种观念显得尤为重要。

中国古代特有的山水文化,也是促使中国自然观更加成熟的因素之一。山水文化大约形成于两汉以后,道家学说的传播和山水诗画的发展促使其逐渐成熟。由于当时文人厌恶战争,纷纷投入自然的怀抱抒发内心情感,这种表达自然之美的山水文化在诗歌、山水画、音乐、园林等方面都有深刻体现,山水文化成为古代中国灿烂文明的重要组成部分。

作为一种人文现象,自然观更集中地表现在人居环境的设计中。中国的自然观念培育了独特的中国城市文化。小到私家庭院大到皇宫苑囿,以至整个城市的规划,大多以自然生境为摹本来营造舒适的居住环境。在社会不断发展的过程中,环境的破坏已经成为城市发展的根本阻碍。城市表面的繁荣却潜伏着严重的环境危机。因此,在当前的城市建设中更应体现中国的自然观念。自然应当是城市生活的一部分,人们向往自然生境,在自然中才能找到生命的本源。

4. 景观生态学

景观生态学是在 1939 年由德国地理学家卡尔·特洛尔(Carl Troll)提出的,致力于研究在一定区域内所有生态系统之间的结构、功能、变化以及保护和利用等内容。景观生态学强调景观的多功能性、可持续性及整体协调性，并注重景观与社会、文化等方面的协同关系。随着现代城市的发展以及环境的不断恶化，人们开始对生态环境的良性发展有了更深刻的认识，生态观念逐渐成为现代城市建设的重要因素之一。因此，景观规划艺术开始结合生态学，在土地开发利用与环境资源保护之间建立起了协调的关系，从而使得景观生态学成为景观规划设计的基础。景观生态学的魅力在于其能直接涉足于城市景观和农业景观等人文景观内容。随着景观生态学理论的逐渐成熟，人们对生态与美学的关系也形成了明确的认识。1969年，景观规划生态主义方法的倡导者伊恩·麦克哈格（Ian Lennox McHarg）出版了《设计结合自然》，将生态确立为景观设计的准绳。1982年，国际景观生态学会（International Association for Landscape Ecology，IALE）在捷克成立，并在1983年在丹麦召开以"景观生态学研究与规划的方法论"为主题的国际会议。 1986年，理查德·福尔曼（Richard Forman）和迈克尔·戈德罗恩（Michael Godron）合著的《景观生态学》一书出版，正式提出了这门学科。[①] 景观生态学在协调景观构成的特征、分布及功能与变化等各个因素的基础上，采用系统地、动态地方法去观察和研究景观规划对生态过程产生的影响，以及景观中生物群落与环境之间的因果反馈关系，以保护生物的多样性。

我国于1989年召开了第一届全国景观生态学术研讨会，开始了对景观生态学研究的摸索。1992年成立中国生态学学会景观生态专业委员会。随着国际景观生态学理论的引入，1996年我国成立国际景观生态学会中国分会（IALE-China）。这两个景观生态学专业组织的成立，以及随后一系列会议的召开和理论成果的发表，标志着我国的景观生态学研究进入蓬勃发展阶段。中国景观生态学者结合中国国情，在"土地利用格局与生态过程及尺度效应、城市景观演变的环境效应与景观安全格局构建、景观生态规划与自然保护区网络优化、干扰森林景观动态模拟与生态系统管理、绿洲景观演变与生态水文过程、景观破碎化与物种遗传多样性、多水塘系统与湿地景观格局设计、稻－鸭/鱼农田景观与生态系统健康、梯田文化景观与多功能景观维持、源汇景观格局分析与水土流失危险评价"[②]方面展开了一系列具有中国特色的景观生态学理论与实践研究。

---

① 唐军，《追问百年——西方景观建筑学的价值批判》，南京：东南大学出版社，2004，p135

② 陈利顶，李秀珍，傅伯杰，肖笃宁，赵文武. 中国景观生态学发展历程与未来研究重点 [J]. 生态学报，2014，34（12）：3129-3141. http://dx.doi.org/10.5846/stxb201405040878

城市公共空间的湿地景观设计正是景观生态学原理在城市建设与发展过程中的再现。始终关注自然生态和人文艺术是湿地景观设计的初衷。以景观生态学原理来指导湿地景观的保护、恢复以及人工湿地景观的建设具有科学意义。城市公共空间景观艺术的建设首先应建立在良性生态循环系统的基础上,具有良好的整体生态调节功能,然后才有可能更好地实现景观的社会、文化和经济等方面的功能。

5. 环境伦理学

随着社会的发展,人类以前所未有的速度创造着物质文明。然而,在这个过程中对自然环境的破坏行为也导致了森林减少、湿地破坏、土地荒漠化、物种濒危等环境问题的出现。同时,环境的污染和生态的破坏反过来也开始威胁到了人类自身的生存和发展。这种现象使得人类不得不对自身和环境之间的关系问题进行重新思考。早在1867年约翰·缪尔(John Muir)就倡导尊重"所有其他创造物的权利"。1915年施韦泽提出了"敬畏生命"的伦理观。[①] 自从1946年奥尔利·利奥波德(Aldo Leopold)在《沙郡年鉴》中提出"大地伦理(Land Ethic)"的观念开始,环境伦理学才开始正式发展起来。[②] 拥有"环境伦理学之父"之称的美国科罗拉多州立大学教授霍尔姆斯·罗尔斯顿(Holmes Rolston),在环境伦理学的思想理论研究方面做出了卓越的贡献。他是美国环境伦理学会的创始人,也是《环境伦理学》杂志的创刊人之一。他在20世纪80年代出版的《哲学走向荒野》《环境伦理学:大自然的价值以及人对大自然的义务》等著作从自然价值观和伦理信念出发,探讨人类保护自然环境的必要性和责任感。这些著作被译为多种文字出版,在国际上获得良好的反响。随着2000年霍尔姆斯·罗尔斯顿的著作中文版的发行,他的环境伦理思想在我国也得到了广泛的传播。随着环境伦理学理论的进一步发展,先后出现了动物权利主义环境伦理观、生物平等权利伦理观、生态整体主义环境伦理观、可持续发展环境伦理观,从各自的角度诠释着敬畏自然、尊重生命的意义,以及人类保护自然的责任。环境伦理思想彻底改变了人类一直以来持有的征服自然的观念,将自身重新回归到自然环境中,成为其中的一员。只有尊重自然万物存在的权利,将动物、植物和人类放在同样的平等地位,才能够保持生态的完整与稳定,创造和谐共生的世界(图3)。

---

① 陈六汀,《艺术之水——水环境艺术文化论》,重庆:重庆大学出版社,2003,p34
② 唐军,《追问百年——西方景观建筑学的价值批判》,南京:东南大学出版社,2004,p121

图3 亲近自然是人类的天性

事实上,"以人为本"的传统思维往往将人作为一切发展的尺度,而很少将自然环境与人的地位平等起来,考虑其他物种的发展权利。这种思维方式下的城市发展必然会一切以人类的需求为核心,不顾及其他物种的权利,从而导致自然生态环境的破坏。实践证明,人与自然的和谐相处是人类社会能够得以可持续发展的关键。在自然面前,动物、植物与人类具有相同的地位和权利。城市建设在不断提高人类生活水平的同时,也不要忘记那些动植物同样需要适宜的生存空间。当前的城市现状时刻提醒我们,运用环境伦理观念来研究如何尊重所有创造物的权利,发展人类社会与自然万物的和谐关系,并作为一种人类文明发展的道德标准,是改善地球生存环境的唯一途径。

在我国历史发展长河中,人们向来强调人类社会对自然的依赖和尊重。我们的祖先在创造历史文明的过程中对于自然的认识、利用和保护行为,体现了深厚的智慧和文化积淀。以"仁民爱物""天人合一"为核心的环境伦理思想在环境创造、社会道德、经济发展、文化表现及艺术审美等方面都有深刻的体现。我国现代环境伦理学的理论研究始于20世纪80年代。中国生态学会于1981年底召开了学术讨论会,提出生态系统在有益的人类活动影响下可以建立新的平衡的观点。这体现了我国学者辩证地认识人类行为,正确看待人类对生态平衡的积极作用的生态学思想,是我国环境伦理学发展的萌芽阶段。1984年,中国环境科学学会理论专业委员会召开了以经济发展与环境保护的关系为主题的讨论会,对经济发展带来的一系列生态问题进行探讨,并指出人文、伦理思想在解决生态环境问题过程中的重要地位。1992年中国的第一本环境伦理学著作《生态伦理学》出版,标志着我国学者对该学科研究的进一步探索。1994年,余谋昌教授出版了《惩罚中的觉醒——走向生态伦理学》,发表了《走出人类中心主义》的文章,提出非人类中心主义的环境伦理观。同年,中国环境伦理学研究会成立并召开首届年会,这标志着中国对环境伦理学的研究全面启动。自此,每年都出现环境伦理学方面的著作和论文成果,中国环境伦理学者取得了许多有价值的研究成果。2003年,自然辩证法研究会环境哲学专业委员会在清华大学成立,标志着我国的环境伦理学研究进入一个新的阶段。

作为与自然生态联系紧密的景观艺术设计专业,离不开环境伦理思想的指导,人与自然万物都是景观环境中的一部分。人类作为整个生态循环的一个环节,其活动和影响对生态环境具有两面性。积极地、有益地影响将会促进环境的良性发展,使人类社会与生态环境之间形成良性循环。相反,消极地、不利的影响,则会破坏生态平衡,最终阻碍人类社会自身的可持续发展。人类只有持有正确的环境伦理观,才能形成完整、和谐的景观环境系统。而从目前的城市环境发展现状来看,人本思想所带来的结果是惨重的。重新找回自然和生命的真谛是城市建设的宗旨之一。而对于城市湿地系统的重视、研究与建设,正反映了人与动植物的和谐共生、尊重多种生命存在的环境伦理学精神。

1 湿地资源与湿地景观

Wetland and Wetland Landscape

1.1 湿 地

既然湿地资源对于城市甚至整个人类生存环境都有着重大的意义，那么究竟什么是湿地？目前我国的湿地系统是什么状态？它的净水功能原理是什么？湿地又是如何作为一种特有的景观形式在历史上被人们欣赏和营造呢？

1.1.1 什么是湿地

"湿地"一词源于英文 Wetland，用以描述介于陆生生态系统和水生生态系统之间的过渡地带，长期被地表水或地下水淹没而逐渐形成一种特殊的自然地理综合体。《国际湿地公约》中对湿地的定义是"不问其为天然或人工，长久或暂时的沼泽地、泥炭地或水域地带，静止或流动，淡水、半咸水、咸水体，包括低潮位时水深不超过 6m 的水域。"[①] 但是，并不是说所有的积水区域都是湿地。只有潮湿、浅积水区域发育成独特的含水土壤，并为多种水生、湿生生物群提供适宜的生存环境的区域才被称为湿地(图 4)。因此，湿地由地表积水、土壤透水基质、水生或湿生植物及动物相互作用而构成。在《国际湿地公约》中规定，湿地可按成因分为天然湿地与人工湿地两大类型。天然湿地又包括海洋/海岸湿地、内陆湿地两类。海洋/海岸湿地包括永久性浅海水域、海岸淡水湖、滩涂、珊瑚礁、海草层等区域。内陆湿地包含永久性的内陆三角洲、永久性的河流、季节性或间歇性河流、湖泊、洪泛平原、草本泥炭地、沼泽、高山草甸、苔原湿地

---

① 国际湿地公约原文见 www.ramsar.org › files › library › current_convention_text_e.pdf

等。人工湿地则包括水产池塘、水塘、灌溉地、盐田、废水处理厂、采掘积水区、运河、排水渠等。我国根据实际情况,"综合考虑湿地成因、地貌类型、水文特征、植被类型将湿地分为三级。第1级将全国湿地生态系统分为自然湿地和人工湿地两大类。自然湿地往下依次分为第2级(4类)、第3级(30类)。整个分类系统共包括42类"[①]。据统计,"全世界共有湿地8.5亿 hm^2,占陆地总面积的6.4%,我国大约有湿地0.63亿 hm^2,天然湿地0.25亿 hm^2,人工湿地0.38亿 hm^2"[②]。如黑龙江扎龙自然保护区、青海省鸟岛自然保护区、吉林向海自然保护区、青海湖自然保护区、江西鄱阳湖自然保护区、湖南东洞庭湖自然保护区等都是我国珍贵的湿地资源。湿地具有重要的生态环境功能和经济价值,"是多种生物的栖息地和孳生地,也是若干原材料和能源的地矿资源"[③]。湿地系统作为一种独特的自然生态系统,其明显区别于其他生态系统的显著特点如下:

图4   美丽的自然湿地生态系统

(1)湿地具有很强的蓄水能力,常常保有季节性或常年性的积水,而积水正是导致湿地形成与发展的关键因素;

(2)常年的积水导致了湿地土壤的潜育化,可以见到明显的潜育层和泥炭层;

(3)受积水的影响,湿地区域生长有种类极为丰富的湿生、水生植物群落;

---

① 中国湿地保护协会,《最详细的中国湿地分类系统与分类界定》,湿地中国,2017. www.shidi.org

② 俞孔坚、李迪华、孟亚凡,《中国园林:湿地及其在高科技园区中的营造》,中国园林,2001 年第 2 期

③ 俞孔坚、李迪华,《城市景观之路—与市长们交流》,北京:中国建筑工业出版社,2003

（4）湿地的丰富资源为动物提供了优良的生存环境和物质基础，因而水生动物和鸟禽类动物种类繁多。我国湿地中生存的鸟类已知有300多种，鱼类1040种，高等植物825种，被子植物639种，其中许多是濒危或具有重大科学研究意义的类群。[1] 因此湿地也被称为地球上的物种宝库。

由此可见，湿地是一种具有独特的土壤、水文和生物特征的生态系统。湿地为多种动植物提供了生存和繁衍的条件，并孕育了丰富的原材料和地矿资源，是地球上重要的自然资源保护区。

1.1.2 湿地的水质净化原理

自古以来人们就发现，流动的污水能够逐渐恢复到当初的干净状态。《吕氏春秋·尽数》中记载："流水不腐，户枢不蠹，动也。"其中"流水不腐"就是用来描述流动的水体可以保持清洁的现象。经实验证明，污染过的水体的确具有一种天然的自净现象，即当污水顺流而下流经一段距离后，经过一系列过程可以使有机污染物逐渐得到降解，水体重新恢复到可利用的洁净状态。这就是污染水体的自净现象（图5）。经过分析得知，在这个污水自净的过程中，有稀释、沉淀和混合等物理作用，也有氧化、还原、酸碱中和、吸附和凝聚等化学作用，还有生物的分解和吸收作用，使污染物质浓度降低或无害化。令人意外的是在这个过程中，"生物有机体对无机物和有机化合物的同化和异化作用能力是相当惊人的，几乎所有的有机污染物都能够被微生物分解，甚至有毒的元素也能被不少微生物作为营养物质分解、利用"[2]。这种水体天然自净过程，正是湿地系统污水净化原理的体现。事实上，在净化效率方面，经实践证明，由于湿地系统拥有丰富的微生物和净水植物群落，其污水自净效率要比河水等天然流动水体的自净效率高得多。这些在湿地中生长的丰富的生物有机体在污水的净化过程中，发挥了极大的作用（图6）。

在20世纪70年代中期，我国开始对利用湿地生态系统净化水质进行研究，实验和分析了多种水生植物处理污水的方式和效果。近几十年来科研人员的大量研究证明，湿地水生植物可以吸收污水中的富营养物质及其他元素，可以增加污水中的氧气含量，大大有助于水体自净能力的提高。湿地水生植物包括挺水植物、浮叶植物、漂浮植物、沉水植物等类

---

[1] 俞孔坚、李迪华，《城市景观之路—与市长们交流》，北京：中国建筑工业出版社，2003，P154

[2] 刘向晖，《基于湿地生态技术的城市空间设计》，硕士学位论文，重庆大学，2001

型。挺水植物主要包括茭白、芦苇、香蒲、水葱、灯芯草、菖蒲、慈姑等；浮叶植物及漂浮植物主要有凤眼莲、满江红、水花生、菱、水鳖、浮萍、荇菜、马来眼子菜等；沉水植物主要有金鱼藻、伊乐藻、轮叶黑藻等。[1] 不同的植物有不同的净化功能，如凤眼莲可以除去 BOD5、氨、磷；水葱可以吸收分解酚……[2] 同时，这些水生植物还具有较高的观赏价值和经济价值。因此，湿地系统中的水生植物成为污水净化试验过程中的重点研究对象（图7）。

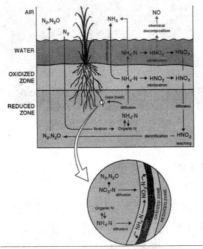

图5　水体在自然的流动过程中逐渐得到了净化

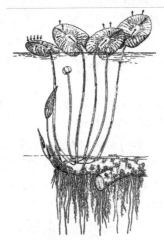

图6　水生植物有效分解、吸收水体中的有机污染物

[1]　柳骅，夏宜平，《水生植物造景》，中国园林，2003年第3期，P60
[2]　刘向晖，《基于湿地生态技术的城市空间设计》，硕士学位论文，重庆大学，2001

图7　生机盎然的湿地植物

1.1.3 为什么保护湿地自然资源

湿地系统不仅可以帮助人类净化工业、农业和生活等各类污水,它还具有蓄水抗洪、调节气候,保存物种等多种社会、经济、环境和生态功能。国际湿地组织意识到湿地系统对于人类生存的重要意义,在《国际湿地公约》中写道:"考虑到湿地的调节水分循环和维持湿地特有的植物特别是水禽栖息地的基本生态功能;相信湿地具有巨大经济、文化、科学及娱乐价值的资源,……"[1] 因此,保护和恢复自然湿地资源,对世界生态环境、社会发展和经济进步等多方面具有不可估量的价值。

●生命的摇篮

作为水域和陆地间过渡的生态系统,湿地为地球上众多动植物提供了重要的生存和繁殖的场所。许多野生动物在湿地栖息、觅食、繁衍后代。这其中就包括不少珍稀和濒临灭绝的物种。因此,湿地是地球上生物生产率最高的区域,生物多样性极为丰富,是天然的基因库和种子库。保护湿地就是保护生物物种的多样性。

●水质净化器

与急速奔涌的河流不同,进入湿地中的水体流动较为缓慢,有利于污水中的有毒、有害物质逐渐沉淀下来,成为湿地生物的养料。在湿地环境

---

[1]　国际湿地公约原文见 www.ramsar.org › files › library › current_convention_text_e.pdf

中生长的挺水植物、浮水植物、沉水植物及各种浮游动物和微生物,通过过滤、分解、化学合成、吸收等作用,将水质中的有毒有害物质降解或转化成无毒无害物质,污水从而能够以清洁可利用的状态排入水系。因此,湿地系统能以更为经济、更为生态的方式解决水污染的问题。保护湿地就是保护水资源的质量。

●天然海绵

湿地系统可调节蓄水与供水平衡,被誉为"天然海绵"。在降雨季节或洪水期,湿地可以吸收蓄存大量水分,具有抵抗洪水的能力。而旱季来临,湿地就可以利用储存的水量补充地下水,或直接用于农业灌溉、工业用水和生活用水,以缓解旱情。因此,保护湿地可以保护区域安全,解决水危机。

●海岸保护伞

在沿海地区的湿地能够保持一定的淡水水位,有利于防止海水倒灌而导致土地盐渍化,防止海岸土质被侵蚀。同时,湿地中的各类植被也能够起到保护土壤的作用,防止风暴、海啸等自然灾害对海岸线的破坏。因此,保护湿地就是保护土地资源不受侵袭。

●区域气候空调

湿地系统大面积的水域和含水土壤滋养着大量植被,空气负离子含量较高。因此湿地对提高空气的质量,调节区域温度和湿度,改善人居生态环境,进而对全球气候和环境变化的影响都有重要意义。可见,保护湿地就是保护我们生存环境的舒适性。

●资源宝库

湿地系统还蕴藏着丰富的矿产资源和多种稀有元素,丰富的泥炭资源是很好的燃料资源。湿地产出的水果、蔬菜、肉类、药材等天然产品也是人类重要的生活资源。这些都表明湿地具有多种社会经济效益,在国民经济建设中具有重要的价值。因此,保护湿地就是保护我们的物质资源和经济基础。

●诗意景观

湿地自然元素丰富多样,山清水秀、风清气爽、景色宜人。湿地自然风光独特审美特征为人们带来了美的享受,具有极好的景观价值,是生态旅游观光、放松心情的好去处,也是进行诸如摄影、舞蹈、绘画或民俗、民艺等文化活动的重要场所。湿地是发展休闲和旅游经济的重要基地,促进了地方旅游经济的发展。因此,保护湿地就是保护人类文化活动的发展基地。

●科研基地

湿地中动植物群落的多样发展,湿地的生态系统运行方式,为科研和教育提供了观察、研究和实验基地。有些湿地中甚至仍保留着古生物的历史演化痕迹,为科研提供了极其有价值的实物资料。因此,保护湿地就是保护地球上的历史遗产,保护人类的科研教育成果的发展。

1.1.4 城市化背景下的自然湿地现状

对于城市化,《中国大百科全书·地理志》中的定义是"人口向城市地区集中和农村地区转变为城市地区的过程"。城市化是工业和经济发展的必然趋势,标志着一个国家的经济发展程度。近几十年来,我国的城市化发展速度十分迅猛。"我国的城市化进程从 19 世纪后半期开始,速度很慢,发展不平衡。20 世纪 70 年代末,城市化率为 14%,1986 年为 26%,2005 年达到了 43%。照此速度,2020 年中国城市化水平将达到60%。"[1] 然而,从城市发展的历史来看,城市在人类发展史上的出现,不仅带来了文明和进步,随之也产生了人类从未遇到过的问题。早期的渔猎阶段,人和其他动物一样生活在自然生态系统中,是自然界物质循环和能量转化中简单的一员,对自然界的影响力很小;在农业社会的半自然生活状态中,人类的生产活动对自然界的影响作用仍然有限;随着城市的出现和发展,人类看到了城市生活的种种好处:科技的进步、生产的发展、经济的繁荣,物质生活得到了空前地满足。但人们却没有注意到,工业生产对生存环境的严重污染使各种城市病等负面影响逐渐暴露出来。盲目的城市化进程导致了一系列的生态环境问题。以长期发展的眼光来看,这种不顾生态环境的城市发展非但不能提高人类的生活质量,反而会损害人类的生存环境,造成严重的后果。

由于城市扩张发展过程中人们对水资源和土地资源的盲目开发利用,湿地系统的现状不容乐观,全球的湿地资源正遭受破坏(图 8)。湿地的面积越来越小,甚至逐渐消失。污水肆意排放,湿地净水系统超出负荷,污染严重。据统计,"中国沿海地区累计已丧失滨海滩涂湿地面积约 119万 hm^2,另因城乡工矿占用湿地约 100 万 hm^2,两项相当于沿海湿地总面积的 50%。然而沿海滩涂的开发仍呈逐年上升趋势"[2] 曾经清澈见底的河流变成了排泄废水的沟渠,优美的滨水地带成为充满垃圾和污水的场

① 单霁翔,《城市化发展与文化遗产保护》,天津大学出版社,2006, p8
② 许长新、邱珍英,《沿海滩涂开发与环境保护的可持续发展》,海洋开发与管理,2004 年第 6 期,p10

所。湿地生态系统退化,多种野生动植物种类逐渐消失。这种现象反过来也对人类社会的生存发展环境带来诸多负面作用。居民的生产、生活也受到严重影响,人类为此付出了惨重的代价。事实上,人类社会的发展应建立在保护大自然的基础之上,与自然和谐共处、互惠互利、共同发展。在城市文明的建设过程中,湿地并不是城市发展的绊脚石。相反,湿地的存在对于改善城市总体环境质量发挥了十分关键的作用,而这一作用却往往被急功近利的建设者们忽视。生态环境保护和环境可持续发展已经成为城市空间保持良性发展的关键。

图 8　污染严重的自然湿地生态系统

　　湿地生态系统对于人类生存环境的作用在国际上逐渐得到重视。联合国《国际湿地公约》的制定,就是为了强调了人类同生存环境的相互依赖关系,重视湿地的基本生态功能,督促世界各国及其各级地方政府联合起来保护湿地及其丰富的动植物种类,阻止侵蚀湿地的行为。自 20 世纪 70 年代以来,不少国家也成立了专门的湿地研究组织。比如美国成立了湿地科学家协会,加拿大建立了湿地工作组。湿地系统保护工作在我国也逐渐开展起来,并建立了对湿地进行专项研究的各项科研项目。

　　自 1992 年加入《国际湿地公约》以来,我国在湿地保护的立法与行动方面发展迅速。1993 年,农业部《中华人民共和国水生野生动物保护实施条例》的颁发,初步对重点水生野生动物栖息和繁衍的湿地区域进行恢复和保护,以保障其生存环境和生存条件。1994 年国务院颁发的《中华人民共和国自然保护区条例》首次将湿地划为自然保护区。1997 年农业部颁布了《水生动植物自然保护区管理办法》。2003 年第十届全国人民代表大会第一次全体会议上提出了制定湿地保护法的议案。随后,各地纷纷起草湿地保护条例和办法,先后通过了包括《黑龙江省湿地保护条例》《江西省鄱阳湖湿地保护条例》《上海市九段沙湿地自然保护区管理办法》《甘肃省湿地保护条例》,进而从国家到地方逐步建立一系列湿地保护法律体系。"中国湿地生物多样性保护与可持续利用项目,是全球环境基金与联合国开发计划署援助的国际合作项目,主要目的在于消除项目区内不利于生物多样性保护的威胁因子,保护项目区内具有全球重要意义的湿地生态系统及其生物多样性,同时,开展实现可持续发展的示范,将从示范中获得的经验推广到中国类似的湿地。"[①] 2005 年,建设部颁布《国家城市湿地公园管理办法(试行)》要求城市湿地公园必须坚持"重在保护、生态优先、合理利用、良性发展"的方针,在维护湿地系统生态平衡的基础上,发挥湿地生态系统的各种功能和效益,保证湿地资源的可持续利用,实现人与自然的和谐共存。很显然,保护湿地系统已经成为现代城市建设中的一项重要任务。2016 年国务院办公厅印发《湿地保护修复制度方案》,推进自然湿地保护修复制度体系的建立。2018 年国务院印发《关于加强滨海湿地保护严格管控围填海的通知》,保护滨海湿地,开展滨海湿地生态监测和风险评估。截至目前,全国已经有 57 处湿地自然保护区被列入《国际重要湿地名录》。在 2018 年 10 月国际湿地公约组织召开的第十三届缔约方大会上,中国的常德、常熟、东营、哈尔滨、海口和银川六个城市获得了全球首批"国际湿地城市"称号。我国的自然湿地恢复与保护工作取得了阶段性的成果。

毋庸置疑,全力保护现有的原生湿地自然生态系统是城市得以可持续发展的基础。然而,随着人口数量的不断增长,人类活动不断扩大的趋势不可避免。面对现代城市规模的不断扩大,以及严重的环境和水体污染,以生态的观念改造和建设新型健康的生活环境的要求成为城市发展的迫切需要。因此,如何在城市建设中融入湿地景观元素,增加人工湿地的数量,提高人工湿地的质量,是解决这一问题的途径之一。尤其对于那些缺少自然生机的、水污染严重的地方,利用人工技术在城市公共空间重塑湿地,来补充和改善城市生态循环十分必要。

1.1.5 重塑湿地——人工湿地生态技术

我国对人工湿地的定义是"人类为了利用某种湿地功能或用途而建造的湿地,或对自然湿地进行改造而形成的湿地,也包括某些开发活动导

---

① 严力蛟,《人工湿地在生态城市建设中的作用》,蓝天园林,2004 年 4 月总第 21 期

致积水而形成的湿地"①。这些人工湿地类型包括以蓄水和发电为主要功能而建造的水库,为输水和水运为主要功能而建造的人工河流湿地,淡水养殖场、海水养殖场,为农业灌溉和农村生活为主要目的修建的蓄水池塘,灌溉用沟渠、稻田、冬水田、季节性洪泛农业用地、湿草场或牧场、盐田、采矿挖掘区和塌陷积水区,由于开采矿产资源而形成的矿坑,挖掘场所蓄水或塌陷积水后形成的湿地,包括砂/砖/土坑,采矿地、污水处理厂和以水净化功能为主的湿地,以及城市人工景观水面和娱乐水面,如各类人工湖、池、河等人造湿地。② 通过对湿地运行原理的深入研究和人工湿地技术的日渐成熟,这些人工湿地类型将会把有益的人类社会活动与自然原生态完美的融合起来,形成具有环保、艺术、休闲娱乐、教育科研等多种功能的整体生态综合体。朱熹有诗曰:"半亩方塘一鉴开,天光云影共徘徊。问渠哪得清如许,为有源头活水来。"③ 可以说,随着技术的发展,人工湿地系统,将成为城市用水的"源头活水"之一。

1.1.5.1　人工湿地的污水处理原理

人工湿地的污水处理原理,实际上是通过人工技术来模拟、改善自然湿地生态机制,从而达到更高效的污水净化目的。人工湿地技术是在 20 世纪 70 年代中期发展起来的,是一项具有生态内涵的新型废水处理工艺。有明确生态目的的人工湿地,是专门由人工建造、运行和监督控制,通过人工湿地技术(Wetland Ecological System,简称 WES)建造的适宜于水生植物或湿生植物生长的人工生态系统。人工湿地技术采用自然湿地系统的污水处理原理,利用湿地植物对多种污染物质具有很强的吸收、净化的能力,将各种湿地植物栽植于浅塘,通过物理、化学和生物等多种作用的优化组合来进行水质净化,在这个过程中,污染物被微生物降解,被物理或化学作用净化,使进入湿地系统中的污水逐渐恢复为可用水。

与自然湿地资源相比,人工湿地技术可以灵活选择实施的地点,根据不同类型的污染水源,有目的地构建起不同类型的人工湿地。通过人工湿地技术建设的湿地污水净化系统,可以更方便、更有效的净化水质。④

---

① 中国湿地保护协会,《最详细的中国湿地分类系统与分类界定》,湿地中国,2017. www.shidi.org
② 中国湿地保护协会,《最详细的中国湿地分类系统与分类界定》,湿地中国,2017. www.shidi.org
③ 陈六汀,《艺术之水—水环境艺术文化论》,重庆:重庆大学出版社,2003,p38
④ 俞孔坚、李迪华、孟亚凡,《湿地及其在高科技园区中的营造》,中国园林,2001 年 2 月,p27

虽然人工湿地也是模拟自然湿地生态系统的运作方式,但通过人工的监控,可以对各类污水加以有效处理。污水负荷量要比自然湿地大的多,并可灵活控制污水处理过程,使污水处理能力大大超过自然湿地。

人工湿地中的物理作用主要是过滤和沉积作用。人工填埋的透水土壤基质和生长在其上的水生植物是一个活的过滤器。当污水流入湿地,经过基质层和植物茎叶和根系时,其中悬浮物被有效地过滤和截留,并最终沉积在基质层中。由于植物、基质土壤、微生物的多样性,人工湿地中还发生各种化学反应过程,如化学沉淀、吸附、离子交换、氧化还原反应等。通过这些过程,污水得以逐步清洁、净化(图9)。人工湿地系统去除的污染物种类非常广泛,包括 BOD(Biochemical Oxygen Demend))、COD(Chemical Oxygen Demend)、SS(Suspended Solid)、氮、磷、钾、微量金属、病原体等,[①] 但并不是所有的污水都可以注入湿地进行净化。在采用人工湿地技术净化污水之前,应该先对污水进行格栅、沉砂、初沉、均质、水解酸化等预处理程序。处理后的污水必须达到一定的污水排放标准,然后对水中的污染物进行分析,有针对性地选择土壤基质和湿地生物类型,去除有关污染物。这种做法不仅可以有效地使人工湿地系统产生作用,更可以避免后期经常性的清污工作。

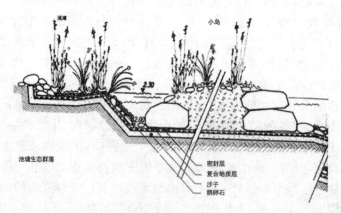

图9 人工技术营造的湿地生态群落

与其他的污水处理方法相比,人工湿地技术最大的特点是污水处理能力强、出水水质好、运行维护管理方便、投资与运行费用低。另外人工湿地技术模拟自然湿地系统处理城市污染水体的同时,还有一个明显优点,在建设时结合当地的文化艺术特征,并依据园林美学原理,提高人工

① 任艳军,陈其兵,《人工湿地系统在成都市园林绿化建设中应用的探讨》,中国风景园林学会第四次全国会员代表大会论文选集(上册),中国建筑工业出版社,2008

湿地景观的人文艺术气息。这使人工湿地系统改善了城市生活环境的视觉形象,形成独特的人文生态景观艺术,为城市居民提供了优美而诗意的休闲、娱乐、游憩、教育场所。与艺术美学相结合的人工湿地技术,成为营造健康环境,改善城市风貌的有效手段。种类丰富、形态优美的生物物种与人文艺术的结合,给城市带来了耳目一新的自然气息和艺术美感。目前,人工湿地生态系统逐渐发展成熟并广泛地被投入营建和运行。

1.1.5.2　人工湿地的构造

常见的人工湿地(Constructed Wetland)构造主要由五部分组成,一是具有如土壤、砂、砾石等各种透水性的基质;二是适于在饱和水和厌氧基质中生长,具有较强的净化污水能力的植物,如芦苇、水葱、凤眼莲等;三是在基质表面上或在基质下流动的水体;四是水生动物;五是好氧或厌氧微生物种群。[①]

●人工湿地的建造比较简单。在低洼地中按一定的坡度填充土壤、砂、砾石等各种透水性的基质,在基质表层土壤中种植一些成活率高、根系发达、去污性能好、美观且具有经济价值的水生植物,构成一个湿地生态系统。在湿地系统设计中,要注意应尽可能增加水流在其中流动的曲折性、多样性,这样会增加水体的含氧量,使污水更有效地进行处理。需要注意的是,经过人工湿地技术处理过的污水,仍需经过活性炭吸附、混凝沉淀、过滤、消毒、稳定塘等处理工艺和程序,以保证水质达到排放或再次使用的标准。根据水流与土壤基质的位置关系,人工湿地污水处理系统可分为以下几种方式:

●表面流湿地(Surface Flow Wetlands):这种人工湿地构造方式也称"自由表面流湿地",是指污水以水平流方式从进水口流至出水口。该人工湿地的特点是污水在基质土壤表面漫流,内部不设置填料,与自然湿地最为接近。污水中大部分污染物质由生长在植物水下茎、杆上的生物膜来吸收消化。这种湿地建造方式的优点是投资低,建造比较简单。缺点是占地面积大,污水负荷低,并且不能充分利用土壤基质和植物根系的去污作用,污水净化能力较低。同时,因为污水在湿地表面流淌,当气温较高时,污水气味蔓延,且容易滋生蚊虫,卫生条件较差。而当温度较低时,污水表面易结冰,导致净化效率大大降低。另外,表面流湿地容易因地形不平整产生"沟流"等布水不均的现象,使污水处理效果大打折扣。改善

[①]　俞孔坚、李迪华、孟亚凡,《湿地及其在高科技园区中的营造》,中国园林,2001.2,p27

基面平整度、均匀分布去污植被,以及尽量增加水路的长度等办法有利于问题的缓解。构造表面流湿地要看所在地形条件是否合适,一般适用于毗邻河道区、建设挖掘遗留地坑区,或者利用城市公共空间的硬质水景观区域来改造建设表面流湿地景观,以增强区域径流调蓄、水质净化和生态修复功能(图10)。

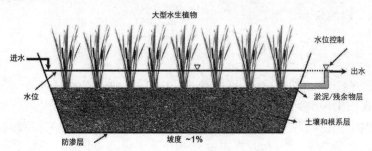

图10　表面流湿地的构造原理

●潜流湿地(Subsurface Flow Wetlands):与自由表面流湿地不同的是,潜流式人工湿地的表面并没有水流,内部设置透水性的基质填料,水在填料表面下渗流。湿地底部设隔水层,保证污染物不会渗入土层。这种湿地建造方式可以充分利用土壤基质吸附及植物根系吸收等物理、化学和生物的作用有效地处理有机物、氮、磷和多种重金属(图11)。与表面流湿地相比,潜流湿地占地面积小、可承受较大的水负荷以及污染物负荷。因为潜流湿地的保温效果较好,因此污水处理效果受气候、季节的影响较小。同时,卫生条件较好,可以有效防止蚊蝇滋生和不良气味弥散。另外,潜流式人工湿地技术无须曝气、投加药剂,没有剩余污泥产生,因而可大大节省运行费用。基于以上优点,该方法在国内外被广泛采用[1]。同时,该湿地技术也有它的缺点,如水中污染物负荷大时易堵塞出现死水区;植物根系提供的氧气有限,湿地内部复氧能力不足,影响硝化效果[2];脱氮、除磷的效果不如立式流湿地等[3]。

---

[1]　任艳军、陈其兵,《人工湿地系统在成都市园林绿化建设中应用的探讨》,中国风景园林学会第四次全国会员代表大会论文选集(上册),中国建筑工业出版社,2008

[2]　陈文龙,《珠三角城镇水生态修复理论与技术实践》,中国水利水电出版社,2015

[3]　梁吉艳,《环境工程学》,中国建材工业出版社,2014

图 11   潜流湿地的构造原理。

●立式流湿地(Vertical Flow Wetlands):立式流湿地的污水处理原理综合了表面流湿地和潜流湿地的特点,使污水进入湿地系统后,沿着填料床自上而下垂直流动,并由底部的集水管收集排出(图 12)。这种人工湿地构造技术的优点是占地面积小,污水的有机物去除、硝化和除磷处理能力较强。但鉴于其建造要求比较高,所需建设费用不菲,且管理复杂,也容易滋生蚊虫,因此目前仍较少采用。

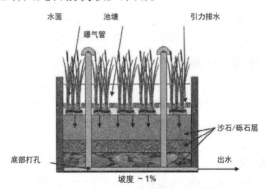

图 12   立式流湿地的构造

这三种人工湿地技术各有优缺点,不同技术的选择,应根据当地污水的特点和处理要求、地形条件、资金投入等具体情况而定。目前,潜流湿地的构造方式应用较为广泛,尤其适用于市政生活污水处理。潜流人工湿地的选址建设基本不受地域规模影响,可以将小块的荒地、绿地利用起来,在不影响原有的整体环境的基础上很好地达到净化水质的效果。建成后的人工湿地还能够增加区域绿化面积,改善城市区域环境微气候,培养市民对生态景观艺术的认识和欣赏。在欧美国家,许多别墅区居民都利用自己的花园绿地建造小型的潜流式人工湿地,用以处理生活污水。我国的不少居住小区也采用了人工湿地技术,在处理生活废水的同时,生存在湿地的多种动植物种类,也为居民提供了自然而诗意的居住环境。

1.2 湿地景观

由于各学科的研究侧重点不同,目前国内外对湿地系统的应用实践主要体现在生态学、环境工程和景观设计等方面。生态学主要偏向于对各种类型湿地生态系统的群落结构、生态功能、生态过程和演化规律,及其与理化因子、生物组分之间的相互作用机制的研究。而环境工程学偏向于利用湿地的原理和方法以及人工技术研究水污染治理的防治方法和措施,保护、建设和合理利用湿地资源,寻求解决环境问题的最佳方案,从而有效改善环境质量。与前面二者不同的是,景观艺术设计专业中对于湿地的研究则侧重于人居环境中的湿地生态美学、艺术美学和文化美学功能。人居环境中湿地景观的功能规划、空间布局、交通构建、形态设计、色彩配置、材质的协调与对比、照明艺术、文化意境和地域特征等方面的表达,都是湿地景观艺术设计所研究的对象。

1.2.1 湿地作为一种景观艺术

由字面含义可以看出,"景观"一词的概念非常明确。"景"是客观存在的风景、景色;"观"指主体的动作,观望、欣赏。"景观"指有观赏价值的风景。"景观"的概念,在不同领域的含义有很大的差异,有地理景观、社会景观、科学景观以及政治景观等。在艺术设计领域,18世纪英国的园林设计师将风景绘画作为园林的设计摹本,从而将景观同绘画、园艺联系在一起,成为艺术设计的一部分。[①] 而正如英国景观设计师汤姆·特纳(Tom Turner)所言,"景观艺术就意味着按人的需要将宜人的艺术与自然结合起来"[②],说明景观在生态的基础上,结合了人类文明和美学特征,形成了完整的生态、社会、美学之景观三价体系。也就是说,大自然加入了人类的印痕,渗透了人类的文化,才被称之为景观。而景观设计的目的就是要规划出适合人类居住和生活的栖居地。这种定义就将景观设计同生态环境保护和人文精神联系起来。

湿地景观,顾名思义,也就是湿地生态系统与景观学的结合,是"以

---

① 唐军,《追问百年—西方景观建筑学的价值批判》,南京:东南大学出版社,2004,p6
② 汤姆·特纳(英),《英国园林设计》,p33

湿地为主体对象,空间上由湿地斑块、廊道以及发生、变化和功能上与湿地相互有关的其他类型空间单元聚合而成的一定异质性的地理区域。在这个地理区域内,其他类型空间单元通过与湿地景观单元间的作用影响湿地生态过程和功能,并形成具有特定湿地景观组合特征和整体性特征的景观区域"[①]。

与环境艺术设计学科相结合的湿地景观系统,将不仅仅是单纯的地理特征和自然资源,而是通过人类有目的的改造上升为蕴涵着人文精神和艺术审美的景观艺术。湿地景观艺术的存在与人类的行为有着千丝万缕的联系,由人类来建设、改造、运营和监督,并最终形成服务于人类的生态与艺术空间,成为城市建设和生活的一个重要组成部分。以前,荒滩野岭、沼泽、洼地曾经是与城市文明生活相矛盾而被废弃和改造的地方。现在人们逐渐认识到了它们的生态、艺术、经济和文化价值,利用其生态原理,净化城市污水同时,把这种自然美逐渐纳入到城市生活的视野中。人们慢慢发现,原来,自然生境景观艺术比人类工业文明制造出的城市景观更健康、更令人感动。

1.2.2 历史上的湿地景观艺术

自然湿地系统在污水处理方面被证明是合理、有效的方式。人工湿地技术的研究也是近几十年的事情。而在艺术审美方面,湿地景观艺术的研究和实践历史也并不长。但实际上,湿地景观之美早已被古人所认识、赞美并应用在人居环境当中。无水不成园,理水艺术是中国传统园林设计中的重要环节。(图13)。

追溯中国传统园林中湿地景观设计的渊源,可以发现其历史非常的悠久。今天湿地景观设计的美学概念,其实际含义类同于我国传统园林的水景观设计。中国自造园之始,就特别注意湿地水景观的应用。或借用自然水景,或挖池自造,将池沼、大泽看作有神性的地方。有文字记载的最早的水景园林是周文王所建的灵囿、灵沼和灵台。通过在苑囿中人工开凿沟渠和水池的方式,与灵台相结合形成"沼"。先秦的《大雅·灵台》记载"王在灵沼,於牣鱼跃"[②]。可见,3000年前的古代帝王已经初步认识到湿地在园林营造中的价值,开始欣赏沼泽风景之美了。

---

① 刘红玉、李玉凤,曹晓,《我国湿地景观研究现状、存在的问题与发展方向》[J].地理学报, 2009, 64(11):1394-1401
② 朱钧珍,《园林理水艺术》,北京:中国林业出版社,2000,p2

图 13　湿地生态系统是中国传统园林中的重要景观元素

　　春秋战国时期最为典型的人工湿地景观是楚国的章华台和吴国的姑苏台。章华台所在的东湖是由人工挖建而成，并修建水渠引汉水入湖。水渠可行船，兼顾娱乐与交通功能。姑苏台依山势而建，也通过人工筑池引水，形成山环水抱的模式，成为传统自然山水园林的雏形。

　　秦汉之前的园囿中，灵台始终是景观中的主体，水体只是位于衬托地位。而到了秦统一之后，秦始皇大兴土木修建离宫别院和皇家园林，在兰池宫挖池堆山，营造神仙之境。至此，具有象征意义的海岛仙山成为继灵沼、仙池之后的人工山水园林模式，大大提高了水体在园林景观中的地位，奠定了我国传统园林的发展方向。

　　西汉时期，帝王权贵修建园林渐成风尚。汉武帝所建的上林苑中不仅拥有数量众多的大小池沼作为附属水体，而且具备太液池、昆明池这样的大型水体。建章宫西北部人工开挖的太液池中建有瀛洲、蓬莱、方丈三岛，形成象征东海仙山的湿地水景观。建章宫的"一池三山"园林水景成为皇家园林的主要模式。东汉时期，私家造园艺术逐渐兴起，园林理水技艺也更加发达。在当时的私家园林中普遍追求模拟自然山水形式，向往清新、充满野趣的小型湿地水景。

　　魏晋南北朝时期是中国传统园林发展的重要转折点。这个时期的国家动荡不安、战乱不断。为了躲避战乱逃避现实，道家"天人合一""回归自然"的思想被广泛推崇。文人士大夫们多隐居山林，聚石蓄水营造私家园林，追求田园村舍的自然情趣。私家园林的理水技艺发展迅速，园林水体形态结合人文艺术，出现如"曲水流觞"等多样化的造型。这个时期的皇家园林也逐渐走向成熟。邺城御苑中的华林园中，就有模仿自然湖泊形式而进行人工挖建的天渊池,与护城河连接成为完整的景观水系。水景与山石结合,形成自然的山水空间。由于佛教的逐渐传入,寺院增多,并形成一定的规模,人们开始广修寺观园林,多以利用和模拟自然生态环境为主。据北魏杨衒之的《洛阳伽蓝记》记载,洛阳景明寺"寺有三池,莛蒲菱藕,水物生焉。或黄甲紫鳞,出没于繁藻,或青凫白雁,浮沉于绿水,"描述了当时湿地生境中的水生动植物之美。

隋唐时期的园林规模宏大,其中水景面积占有很大的比重,且形态多样,湖泊、瀑布、溪涧、池潭、泉水各具特色。隋统一了战局后,皇家苑囿的营造技艺快速发展。特别是隋炀帝于洛阳建造的西苑,人工凿湖筑北海,构建海岛仙山之水景色,建造风格奢靡华丽,令人叹为观止。到了唐代,全国园林发展极盛,崇尚依山近水的自然格局。唐明宫后苑挖池,名"太液",池中筑岛。华清池建有 16 处泉水浴池,水景怡人。唐代私家园林也逐渐达到了中国园林的高峰阶段,水景营造追求诗情画意。位于长安东南角的芙蓉园是以曲江风景为主的风景胜地。曲江水面呈南北长、东西窄的不规则形状。池岸蒲草丛生,池中莲荷荡漾。唐代诗人张籍曾描绘道:"紫蒲生湿岸,青鸭喜新波。"陕西蓝田之西王维的辋川别业中也有不少水景,《辋川集》中曾记载了多种湿地水景观之美。成都浣溪畔的杜甫草堂利用天然水景构建出"舍南舍北皆春水,但见群鸥日日来"的自然生境情调。[①]

宋代皇家园林在规模和气势上都略逊一筹,但科技的进步使得园林设计更加精致考究。宋代园林中的人工水体可以模拟大自然中所有水体形态,理水技艺高超。例如著名的皇家名园艮岳,有河、湖、池、海、潭、溪、瀑、沼、涧等丰富的湿地水景类型,并经高度提炼,形神兼备,艺术表现力极强。宋徽宗在《艮岳池》中描述园内的雁(砚)池道"瀑布下入雁池,池水清泚涟漪,凫雁浮泳水面,栖息石间,不可胜计"[②],当时的湿地美景可见一斑。宋代的私家园林发展进入繁盛期,理水技艺成熟。著名的沧浪亭以水为主题进行设计,在园内外营造水景,并通过复廊、漏窗将外部开阔水面因借入园。临水建筑"面水轩""观鱼处""藕花水榭"等巧妙地呼应了水景园的主题。

明清时期,专业的造园理论和职业的造园家出现,使园林营造技术也更为成熟。其中,水景的意境营造是造园的重点。例如皇家园林圆明园中的景点就多以水为主题,各种类型的水域相互结合,形成园林完整的水系结构。颐和园采用一池三山的模式营建水景。园内的昆明湖,水面占

① 朱钧珍,园林理水艺术,北京:中国林业出版社,2000,p2
② 周维权,《中国古典园林史》,北京:清华大学出版社,1999,p206

全园面积近四分之三,湖中有位于东湖中的南湖岛、位于西北湖中的治镜阁岛和位于西南湖中的藻鉴堂岛。全园规模宏大、气势磅礴,而又不乏精巧细腻、美轮美奂。湖中的堤、坝、桥、梁形态各异,在山环水抱、碧波荡漾的水景中极具美感(图14)。明清朝时期的私家园林也相当普遍,寻常百姓会在自家的小院中开园造景。尤其是江南的私家园林,清幽空灵、温婉秀丽、超凡脱俗,水景造园艺术达到了顶峰。如江南园林的代表苏州拙政园,即以水景观营造见长,水面约占全园的三分之一。以水为中心,全园山水萦绕,亭、台、水榭临水而建,因地制宜、自然灵巧,体现出浓郁的江南水乡之特色。因自然条件的差异,南北方园林造园方式不尽相同。尽管如此,江南水乡的造园手法也在乾隆皇帝南巡后被带回京都,在颐和园中效仿江南水镇的模式,营建了苏州街。南方多雨的气候条件有利于湿地景观的形成,而北方气候干旱,为了效仿江南水乡的景园效果,人工水景应用广泛。

图14 北京颐和园中的湿地水景观

综上所述,中国湿地水景观审美从最初的自然发生、发展到逐渐成熟的规模样式,经历了漫长的时间。虽然当时以农业为主的社会发展中,环境和水体的污染现象并不是那么凸显,湿地的净水功能没有得到充分的认识与开发,但是湿地景观的美学价值早已被发现,并成为传统园林美学的一部分。从现代生态学的角度来看,在中国传统风景园林的发展历程中,一种原始、朴素的生态保护观念,自始至终指导着古代中国人对待自然的行为方式,并逐渐形成一种对自然风景敬畏、欣赏的独特品位。而在现代城市文明中生活的人们,却与湿地生态之美的距离越来越远,直到严重的环境问题妨碍了日常的生产、生活,甚至威胁到人自身的生存权利,人们才意识到,一直以来古人对湿地美景的重视不无道理。研究湿地的生态原理,恢复湿地的自然生境,让湿地景观为都市生活更好的服务,让其他生物物种也有在城市中生存的权利,这些都应该成为现代城市建设过程中需要考虑的内容。

1.2.3 城市人工湿地景观艺术的独特之处

与城市中其他类型的景观艺术不同,城市中的湿地景观具有强烈的生态目的,景观场地规模、结构、形态等因素均根据水处理需要而定,以完成特定的水处理任务。同时,城市中的湿地景观在设计主题、文化、管理,以及游客的游憩方式等方面都与其他景观形式截然不同。

●生态保护基地

首先,在城市公共空间中营造的湿地景观是一个基于人工技术而建的生态保护区。它与自然湿地的区别是,其规划方式和植被配置方式是完全根据对污水成分的分析和水质净化的需求而设计的,是有目的的规划设计。不管以什么样的设计风格存在,城市公共空间中的湿地景观始终以保护和恢复湿地生态环境为主要目的。只有在保证了湿地景观的基本生态功能的正常运行之后,才会考虑满足娱乐、旅游、科普教育等其他的功能需求。 而其他城市景观类型往往以人的需求为核心来规划空间,迎合市民或商业的各种主题活动和审美需求。

●以水为题的艺术

与自然湿地不同的是,城市湿地景观是融合了人文艺术因素的生态环境,点、线、面、体形态的组织,色彩、材质的配置,无疑为湿地生境添加了明显的人文艺术特征。然而,与主题各异的城市公共空间规划不同,这里的一切风景与水相关,主角是水和水生动植物。人和与人相关的构筑物、设施、小品都属于湿地景观的附属品,是为了衬托、欣赏湿地生境而存在的。湿地景观规划也总会围绕水及与水相关的主题来开展,从整体规划到功能设置、艺术塑造等各个层面,自始至终都要凸显湿地的防洪蓄雨、净化废水、调节气候等生态服务功能,表现水的艺术特点、水生、湿生动植物种类的生命力。湿地景观中的硬质面积较小,限制了游人在其中的参与活动,以栈桥或水路的方式赏景,从而保证了湿地水域的面积以及生物群落的丰富性。其他人工构筑元素如建筑小品、艺术装置、景观设施等也跟水主题息息相关,共同组成自然、优雅的水景观画面(图15)。

图 15 生态功能与人文艺术完美结合的公共空间湿地景观。

●地方文化的体现

湿地是人类文明的发源地,人类的发展、社会的进步必然对湿地有着深刻的影响。由于地理位置和气候条件的影响,我国湿地资源的地域特征明显,也发展出与之相关的地方民俗风情、社会文化。而在人类活动密集的城市公共空间中营建人工湿地系统,在保证生态功能良好运转的基础上,完善艺术形式、体现地域文化特征是城市湿地景观营造应包含的重要内容。这也是提高城市文化底蕴,促进旅游经济发展的有效途径。例如,济南大明湖景区举办荷花节和荷花灯会的活动,就是延续了古时济南的老百姓在湖面放灯祈福的习俗。每年荷花灯会的祈福和放灯仪式都会吸引大量的游人前来观看和参与,体味独特的地方文化意境。

●科普教育的基地

不同于其他景观环境,湿地的生态原理及独特的景观美学能够让人充分感受到大自然中生命相依相生的道理和魅力,进而提高人们对自我行为的规范意识和对自然环境的保护意识。湿地中污水复活的净化过程在令人叹为观止的同时,也警示人们对有限的淡水资源的珍惜和爱护。城市公共空间中的湿地景观设计可以借助地理位置的优势,高效、便利地对市民进行湿地自然知识、生态运行模式、湿地动植物知识、环境保护理念等内容的科普教育。

●游憩的方式与责任

远在郊野的自然湿地,万物自在生长,很少受到人为的干预。然而,湿地景观既然设置于城市公共空间中,就必然就要面对城市交通、人口和社会活动等方面的压力。事实证明,一味迎合城市化的游憩需求,往往会使生态景观失去吸引力,甚至导致环境的破坏。因此,与城市中的以人为中心的硬质景观类型不同,湿地景观首先是体现了物种平等的环境伦理学思想。城市湿地景观在人本主义的城市中开辟了难得的水生动植物的天堂。在这里,人们只有观赏的权利而没有干涉的自由。在这里,人们只有保护的责任而没有破坏的权利。在这里,人们可以体验在城市中其他地方无法体验的真实生境之美。因此,严格规定人们的湿地游憩和参与方式,规定相关的责任和义务,是城市公共空间湿地景观能够保持独特的个性,并持续运营下去的重要方面。比如,根据污水净化的程序来引导游人的参观路线,由入口到出口顺序游览湿地净水过程。游人的参与行为具有一定的限制性,不喧嚣、不破坏,不干扰区域内的生物群落生态平衡。在这里,人从主导一切的王者世界,回归到了自然万物中的一员,俯下身来感受自然万物的生命真谛,感受人与自然的平等与融洽。湿地景观的设计形式以水域及生物群落为主,硬质活动区域只占很小的部分。游人可沿着长长的栈桥观赏,也可乘船在水面上徜徉。这也从侧面暗示着人在自然中的地位,将人由自然的主宰者变为自然的观赏者和参与者,增强游客的环境伦理道德感和生态保护责任感。

● 专业的监测与管理

清澈、灵动的水体是景观环境的活力所在。然而,水体也往往是最难管理的景观元素。冬季易结冰、夏季易滋生蚊虫。污染严重的水体还会散发难闻的气味,对周边环境产生负面影响。而对于以大面积水体为特点的湿地景观来讲,管理和监测方面的缺陷极易导致湿地生态环境的恶化,破坏城市环境,影响市容市貌。因此,城市公共空间湿地景观营造完成后,需要专业人员对其后续的运营进行实时监测、严格管理。这是保持湿地生态系统正常运行的基础,也是保持湿地景观艺术效果的关键。

● 长期的生态效益

城市是一个高速发展的综合体,日新月异,变化较快。城市环境建设也往往紧随需求不断更新,甚至拆迁重建。然而湿地景观与其他景观空间不同,它不可能是迎合商业利益的短期行为。一旦建成,湿地景观的生态效果则需要经历一个较长的时间段才能逐渐显现出来。因此,可持续的生态环境和长期的生态效益,也是城市湿地景观区别于其他城市景观类型的特点。尽管空间结构、生态功能等主要内容不会轻易变化,但湿地环境中的其他景观元素是可以随着城市的发展、时代的变迁而产生变化和更替。如建筑小品、基础设施,以及烘托生态主题的艺术装置等,只要不破坏生态模式的良性运转,都可以进行替换。

2 湿地景观与现代城市公共空间

Wetland Landscape and Modern Urban Public Space

　　城市化是人类文明进步的标志。城市化的水平是衡量一个国家和地区在经济、科技、文化、社会等方面发展程度的重要依据。然而,近些年快速的城市化过程,不仅是人类文明高速发展的过程,也是对自然环境进行掠夺、破坏和排挤的过程。事实证明。城市与自然并不是两个相互对立、彼此排斥的矛盾体。相反,二者应该是相辅相成,和谐共生的关系。基于良好的自然生态环境基础上的城市化,有助于城市的可持续健康发展。而城市经济、科技的进步,也可以进一步对自然生态进行更好的保护、恢复和重塑。让自然与城市形成"你中有我,我中有你"这种相互促进、和谐共生、不可分割的整体,正是城市发展的理想模式。利用人工湿地技术,在城市公共空间重塑湿地,实现湿地生态功能与自然景观的再现,正是城市接纳自然,自然融入城市的一个典型表现。然而,城市公共空间目前是什么样的状态? 湿地景观相对于目前的城市硬质空间而言,其优缺点是什么? 如何在不影响城市正常功能的情况下,合理的对城市公共空间进行湿地化改造? 这些都是需要解决的问题。

2.1　什么是城市公共空间

2.1.1 空间

　　人们自古以来就意识到了空间功能的重要性。老子在《道德经》第十一章中对空间有一段精辟的论述:"三十辐共一毂,当其无,有车之用。埏埴以为器,当其无,有器之用。凿户牖以为室,当其无,有室之用。故有之以为利,无之以为用。"通过日常用品和建筑中实与虚的比喻,形象地论述了实物创造的最终目的是对其形成的空间功能的利用。空间的存在,使周围的围合物拥有了各自的意义。何为空间？辞海中解释空间是"物质存在的一种形式","空间是无限和有限的统一,就宇宙面言,空间是无限的,无边无际,就每一具体的个别事物而言,则空间又是有限的"。我们在这里探讨的是有限的空间,是由实体围合而成,为人们的各种活动提供场所的区域。因此,所谓空间就是由实体环境所限定的场所,是指实体与实体之间的相互关系而产生的一种环境。实体的长、宽、高尺度不同,形状和方向的不同,以及相互之间的组合关系的灵活变化,决定了空间性质的多样性(图16)。在我们的生活环境中,以建筑界面为实体,将空间划分为室内空间和室外空间两部分。另外还有介于室内与室外之间,形态多样的过渡空间(也称模糊空间、灰空间)。我们通常所说的室外环境空间,即是由各类单体及组合体,如建筑群、植物、水域、道路、公共设施等围合而形成的,供人们进行户外活动的场所。

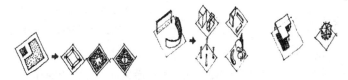

图16　丰富多样的空间形态构成方式

2.1.2 公共空间

　　而"公共空间",通常被认为是城市规划和建筑设计领域中的术语,是相对于"私密空间"来讲的,是公开的、供大众共同交往和参与的环境空间。正如挪威建筑学家诺伯·舒尔茨(Christian Norberg-Schulz)所说的"公共空间是在聚落和个体空间中发展起来的空间类型"。可以说人类自从有了群体活动意识,公共空间就产生了。早期的外部环境单纯而质朴。一棵大树下,一口水井旁,一块平坦的草地上,都可以成为人们聚集、交往、活动的公共场所(图17、图18)。

图17　早期的户外环境

图18　早期的公共空间

　　然而，公共空间一词最早并不是环境空间设计领域中的专有名词，而是出现在社会学和政治学领域中的术语。英国社会学家查尔斯·马奇（Charles Madge）于1950年发表的文章《私人与公共空间》，第一次用了公共空间这一概念。十年后，美国社会哲学家刘易斯·芒福德（Lewis Mumford）1960年发表在《景观》杂志上的《开放空间的社会功能》，简·雅各布斯（Jane Jacobs）1964年出版的《美国大城市的生与死》一书，均将公共空间这一概念用于表述那些能够促进人们交流、共融的社会精神空间。自此，公共空间才逐渐在城市规划设计、景观设计、建筑设计等环境设计领域中出现并得到广泛的讨论和认可，成为探讨城市空间设计与社会关系的术语。由于公共空间是作为"特定的社会政治、经济、文化背景下的产物"[①]被引入城市和建筑设计领域的，因此，建成环境领域中的公共空间不同于纯粹的自然环境、生态绿地、停车场等强调物质功能的空间类型，而是那些在满足公共综合功能基础上，具有强烈文化意义和精神价值的空间环境。

2.1.3 城市公共空间

　　从物质空间的角度来讲，城市公共空间一般被认为是随着城市的产生而出现的空间实体，是通过长期的社会发展演变而自然形成或有目的规划而成的空间类型[②]。该类空间是城市整体空间环境的重要组成部分，指的是面向大众敞开，为大众提供日常生活和社会活动的室内或室外空间。城市公共空间按功能可分为开放空间、专用空间和公共设施用地。

---

① 陈竹，叶珉，《什么是真正的公共空间？——西方城市公共空间理论与空间公共性的判定》，国际城市规划，2009，vol24，No.3，p45
② 陈竹，叶珉，《什么是真正的公共空间？——西方城市公共空间理论与空间公共性的判定》，国际城市规划，2009，vol24，No.3，p44

本书所讲的城市公共空间概念仅局限于建筑实体之外以自然生态为基础的户外开放空间,如街道、广场、居住区绿地和公园等即具有综合实用功能,又反映大众共同的利益,凝聚大众共同生活,具有人文精神属性的开放性场所。

在中国古代,《周礼·考工记》中记载了当时城市建设的理想模式:"匠人营国,方九里,旁三门,国中九经九纬,经涂九轨,左祖右社,前朝后市,市朝一夫。"其中市就是兼具大众交往、商品交易和其他交流活动的城市公共空间。这种城市规划模式对我国历代城市建设具有重要的影响。唐代长安城即设有分别为达官贵人和平民百姓服务的东市、西市。宋代开放的街巷制度使城市公共空间发展更加成熟,出现了"墟""场"等多种公共空间形式,成为城市生活的核心区域。宋代张择端绘制的清明上河图中即形象地描述了当时的人们在市井、街道等公共空间中进行各种日常活动的繁华景象。

在欧洲,"广场"一词在古希腊、古罗马时期即已出现,指的是人们进行集会、交易、娱乐、礼仪和纪念等多种活动的场地,一般为公共建筑前的附属场地。随着城市的发展,欧洲的城市广场逐渐脱离了对某一建筑物的依附,而与城市道路网连为一体,形成具有强烈视觉艺术、空间尺度和综合功能的独立空间类型,是城市整体空间序列中的核心区域。

随着城市文明的发展,公共空间在当代社会中的作用愈加明显。市民在城市公共空间中进行公共交往活动,有共同的意识和利益、有较密切的相互交流。不同性格的人在公共空间相遇、交流,产生共同的信念、价值、形式、语言表达的意义等,这都是人们共同意志的体现。因此,城市中的公共空间有着"城市客厅"的美誉。同时,城市公共空间也是人们与自然万物进行对话和交流的场所,是人类活动、人文艺术与自然生态环境的碰撞和融合之地。城市公共空间的景观艺术形象能够鲜明地反映该城市的地域特点、民风民情和历史演变。

芦原义信认为:"外部空间是由人创造的有目的的外部环境,是比自然更有意义的空间。"[1] 由此可知,自然生态和"比自然更有意义"的人文精神、美学质量,是城市公共空间的重要组成部分。作为城市建筑的外部开放空间,城市公共空间具有多种价值,如公用和娱乐价值、自然资源保护价值、历史和风景价值,负担城市的复杂活动和多种功能,是城市生态、文化、美学和城市生活的重要载体(图19、图20),具有实用性、社会性、开放性、公共性、服务性、艺术性和标志性等多种功能。公共空间的形态与

---

① 卢原义信著,尹培桐译,《外部空间设计》,北京:中国建筑工业出版社,1985

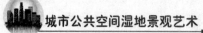

功能的日渐成熟,促进了社会、经济、文化、思想、技术、艺术等多方面的发展,是城市景观环境的精华、多元文化的载体和城市形象的集中体现。可以说,公共空间的规划与建设质量直接影响着城市整体发展水平和综合竞争力。

图19 功能丰富的现代城市公共空间

图20 自然环境与人文艺术完美结合的现代城市公共空间。

　　虽然城市公共空间有各种不同的类型,但它们都具有公共性、开放性、流动性、社会性、时代性等特点。城市公共空间设计相对于建筑实体来讲更为复杂,也更为重要。过去设计师只重视实体的形态和细节,却忽略了"负形"空间的设计。国画讲究画面留白的处理,城市公共空间设计同样也是这个道理。在城市建设中对"留白"的精心设计,不仅仅产生视觉上的美观效果,还对人的心理、行为、整个城市以至整个国家的生态、历史、共同价值的形成等方面,都产生极大的影响。公共空间弥合了城市的裂缝,公共活动促成了人与人之间心灵的沟通。每一个公共空间都有着特殊的自然、人文的环境,它们构成了城市中独特的景观形象。

2.2 当前城市公共空间的现状

我国最初的人居聚落往往是在环境优美的地段形成的,良好的生态环境是人类赖以生存的物质基础。体验与自然的联系,领略大自然的脉搏和宿命也是人类的本能。那时的公共空间往往是以优美怡人的自然生态环境为背景而展开的人文活动。动植物与人类一样,都是公共空间中的一员。然而,随着科技的发展,人本主义占主导地位的现代文明给人们带来了便捷和舒适的同时,却剥夺了人们与自然万物交流的权利。人类离自然的距离越来越远,人类的生存生态环境也越来越差。城市公共空间逐渐变成了人类展示权利和财富之地。自然环境逐渐被大工业时代的机械元素所代替。当人们意识到这个问题的时候,开始向往昔日曾经拥有的风景。然而用人本思想和工业技术制造的城市风景却无法还原自然生境的昔日风韵。大面积的草坪、硬质广场、喷泉和雕塑,却更像城市中的"舞台布景"。这些视觉上的化妆和点缀,硬生生将大众拒之门外,成为无法参与其中的伪自然和表演布景。忽视生态本质的表面装饰,不仅无法与城市整体环境真正的融为一体,反而时时引发城市问题,逐渐变成城市中"华丽的伤疤"。这些表面的城市装饰最终将会因为没有真正考虑人们心目中真正的自然情节而被弃置一旁,无人问津。人类作为生态系统中的一分子,应该与自然环境相依相融,互利互惠,建设健康、艺术的生活环境。如今跻身于钢筋水泥夹缝中的现代城市居民逐渐失去了大自然赋予的权利(图 21)。

图 21　大面积硬质铺装的城市广场人迹罕至

目前城市公共空间在规划、建设和使用方面主要存在以下问题：

●生态意识不足

健康的公共空间首先应建立在自然生态的基础上，满足人们对良好自然环境的追求，加强对城市生态环境的调控能力。这是实现公共空间其他实用功能和精神意义的首要条件。然而，现代城市中的公共空间建设往往带有强烈的功利色彩，更多地考虑到政治、经济和形象等功能。尤其是那些不注重生态环境和城市功能的形象工程，徒有形式而不注重内容，显然无法满足大众对公共空间的功能和精神需求，更不能从可持续发展的长远角度考虑公共空间对生态环境的良性作用。这种现象最终将会导致严重地空间浪费、文化错位、环境破坏及经济损失。

●自然物种贫乏

城市公共空间以人为本的规划原则，全方位考虑人与社会在各个层面的利益。然而这种思维如果没有考虑自然物种与人类的平等与依存关系的话，就会造成对其他物种的忽视，从而导致城市生态环境的失衡。据观察，现代城市公共空间因短期经济效益、特定功能、用地属性等原因，其规划往往无法考虑容纳、发展大自然丰富的物种资源，而是将自然原生态环境排斥于城市之外，以保证人类社会需求。硬质、华丽的人工环境无法满足自然物种的基本生存条件。而能够跻身于城市空间的动植物也往往因不符合管理和安全需求而被清理、驱赶，甚至消灭。事实上，人类文明的发展不是征服自然环境、排斥其他物种，独占生存空间，而是通过各种技术措施，保护和修复自然界各生物种群之间的和谐关系，使环境持续发展下去。因为，自然万物的和谐发展才是人类文明最理想的生存环境。事实证明，在城市中营造适合自然物种生存的公共空间区域，让其成为城市生活中的一个重要组成部分，与人类社会互利互惠，友好往来，是人类营造城市公共空间应该重点考虑的问题。

●空间功能单一

随着时代的变化和生活水平的提高，人类对户外环境空间中的功能需求也更加全面化。然而为大众提供休闲、娱乐功能的城市公共空间往往功能，除普遍提供常见的休闲、健身设施之外，对于市民在公共空间接触社会、交往、学习等满足大众心理层面上需求的功能设施并没有做细致考虑。而在多以商贸活动为主的公共环境空间中，能够为大众提供丰富的休闲、娱乐、教育、交往等功能的区域就更是少之又少。这些公共空间往往缺乏适应时代发展的功能设置，无法满足大众在物质与精神需求。另外，户外公共空间规划的季节适应性也较弱，不能有效地根据季节和气候变化提供合适的休闲娱乐形式。尤其对于冬夏温差较大的城市公共空间来讲,公共空间在冬季人迹罕至,基本处于空置状态。

●环境设施简陋

满足城市安全运行以及大众在户外基本使用需求的景观环境设施,如照明灯具、休憩、保洁、给排水、交通、导向、警示牌匾、卫生设施等,其质量如果不能适应季节变换或遇到灾害天气,往往造成一系列城市问题。另外,作为空间环境艺术中的重要因素,环境设施在艺术表现力方面明显不足,从而影响到城市整体景观风貌的艺术表达。同时,因管理不善造成的环境嘈杂、脏乱、基本设施破损、缺乏维护和更新的现象也比比皆是。因此,设计合理、质量过硬、灵活多样、艺术性强的公共空间环境设施,不仅应适应季节变化、针对不同人群提供服务,同时也是城市抗灾利器,是以强烈的艺术效果烘托城市空间精神氛围的重要因素。

●地域特征不强

作为代表城市整体风貌的公共空间,理应反映地方历史文脉、文化特色、民风民情、艺术内涵和科技水平等内容。尤其对于地方文化特色的充分表达,是增强城市历史文化内涵、促进地方旅游经济发展的关键。然而当前的城市公共空间环境多盲目追求现代化、国际化、科技化、商业化,对地方特有的环境特征、人文历史、风土民情和民间工艺的表现考虑较少,从而导致这样的公共空间环境缺乏场所归属感、亲切感和吸引力。

●教育形式呆板

目前城市公共空间普遍存在的一个问题是在对公众基本知识和良好意识的培养和引导方面,缺乏灵活、生动的方式与途径。优秀的城市公共空间设计理应通过多种艺术手段增加市民的自然常识,潜移默化地引导市民良好的环保意识。而目前城市公共空间教育形式手法单调,不能有效地进行引导、培养和提高大众知识水平与行为素养。

2.3　城市公共空间湿地景观与非湿地硬质景观比较

在城市建设实践中,具有现代气息和华丽外观的硬质广场景观比比皆是,这种形式满足了现代人对于干净、规整、秩序的生活环境的要求,适应了城市生活中的高效、快速的生活节奏,提供了各种社会活动和经济行为的举办场所。而湿地景观却往往由于占用使用面积,较慢的生长过程和无法立竿见影得到效果而被遗弃不用。在城市公共空间中,湿地景观与非湿地硬质景观究竟哪种方式更有利于人们的生活呢?下面通过对比两种不同类型的空间景观形式,来分析湿地景观同非湿地景观的现状与

发展前景,从而找出一种最佳的城市公共空间景观营建方式。

2.3.1 城市公共空间非湿地硬质景观

目前的城市建设中,非湿地硬质景观占有绝大多数的比例。街道、广场、公园中硬质铺地的面积不断扩大,给不断增长的城市人口提供尽可能宽阔的活动空间。在使用功能方面,硬质空间有其明显的优势,但缺点也显而易见。平坦光滑的硬质地面剥夺了大地喘息的自由,地质状况逐渐变差,蓄水功能消减,无法为各类动植物提供生存的机会。僵硬的马路、拥挤的建筑、污水横流、空气污染、热岛效应等各种问题,是城市中常常见到的景象。在这种背景下,人们竭力追求的各异的形态、精美的铺装、靓丽的材质都因缺失了自然的生机而流于表面的浮华,对生态环境的改善毫无帮助(图22)。人们耗费大量的人力、物力、财力来维持的所谓的景观形象,却只是逞一时之快的"速食"产品。表面的生态化设计耗资巨大,却无法得到长期的生态效益回报。现代城市空间,尤其是工业区,面临着环境的严重污染,而得不到自然界的有效缓解。城市物质文明破坏了自然生态文明,造成的恶性循环后果,严重影响着城市居民的生活质量。

图22　硬质公共空间剥夺了动植物在其中生存、栖息的权利。

2.3.2 城市公共空间湿地景观

相比之下,湿地景观在城市空间中显露出众多优点。"分布在城市规划区范围内的,属于城市生态系统组成部分的自然、半自然或人工水陆过渡生态系统"[①] 被称为城市湿地。在这些特殊的城市生态环境里,高低变化的坡地、随势而成的房舍,散发着泥土芬芳的卵石小路旁花草芬芳、气息清润,波光粼粼的水面上蜻蜓飞舞、水草荡漾。怡人的自然生境与便利的城市文明共同形成亲切宜人的城市公共空间湿地景观环境,成为市民交流、游憩、休闲、教育等活动的最佳场地。这才是我们的理想家园和诗意栖居地。这才是为漂泊的心灵提供强大支撑和润泽的,具有更深刻生态内涵和精神意义的人类生存之地。拥有湿地生境的城市公共空间不仅是人们的活动空间,也是动植物栖居的乐园(图 23)。

图 23　与湿地生态完美融合的人文艺术

我们应该全面而成熟的认识到城市景观的生态意义。景观不是仅仅提供观赏功能的花瓶,它更是城市生态链中的重要一环(图 24)。大量的研究和已经获得成功的实施项目证明,与非湿地硬质景观相比,城市中的湿地景观系统对于废水净化和环境质量的提升都有非常明显的作用。同时,城市湿地景观的建造仍然要结合该城市的特点,在形象构思、艺术创造和材料选择等方面充分考虑历史文脉、地方精神、科技背景等社会和人文因素。

城市湿地景观理论的出现,给城市公共空间的生态美学营造提供了崭新的视角。通过艺术手段对湿地生态美学的表达,反映了人对自然美的欣赏、追求、描摹、升华。湿地景观以其独特的污水处理功能、丰富的自然资源和优美的视觉形象,将生态与审美结合在一起,成为城市规划建设过程中关注的因素,成为改善城市生态环境的契机。

---

① 　住房城乡建设部,《城市湿地公园设计导则》, 2017, P2

图 24　散发着泥土芬芳的湿地小路

值得注意的是,湿地景观在城市生活中,仍然有它自身的不足解决亟待解决。比如,过于强调自然而忽视了人对各种层次的需求,湿地中可供人们活动的区域少,水面给人带来的不安全感,设计过于平淡而缺乏艺术深度等,这些都是需要在设计的过程中进一步研究和提高的地方。将自然生态、艺术审美、社会需求、历史文化与人类的行为心理紧密结合,营造一个既适应现代城市生活节奏,又符合自然规律的、健康的、艺术的城市生活空间,是城市湿地景观设计的发展方向。

2.3.3 城市公共空间硬质景观的改造

工业化是社会发展的成果,人们享受这些成果带来的便利生活的同时,也面临着随之而来的环境恶化。在竭尽全力恢复被破坏的城市生态环境的同时,人们开始认识到,自然植被比人工大坝防止水土流失更有效,微生物清洁水体的作用比化学制剂更持久,自然护岸比水泥护岸更符合生态规律。实践证明,湿地景观的营造,可以改善环境,逐渐恢复当地的生态良好状况。通过将工业文明占领的现代城市生活空间改造成湿地景观空间,是让自然生态再次回到城市中间,回到人们的生活中的理想途径。

1967 年,美国的克莱门斯城为解决河水污染问题,提出收集、贮存和处理这些四处漫溢的污水,并将它与城市公园结合起来,创造出了一个新型的生态城市环境,并大获成功。从此,实用的废水处理机制和城市景观设计美学之间的结合成为环境改造过程中有利的手段。湿地景观在功能和艺术的双重作用下,给城市公共空间代表"现代文明"的硬质景观带来了勃勃生机。①

　　美国华盛顿州 Renton 的水园(Waterworks Gardens)是一项生态和艺术结合的工程(图 25)。为了防止废水和暴雨的漫溢,该地区增加了湿地系统,建造了花园式的环境空间。废水和雨水被收集注入 11 个池塘用以沉淀颗粒状的污染物,然后排放到湿地中,供给植物、微生物和野生动物营养元素,并同时达到了水体自身的净化再生。水潺潺流过 5 个种植大型湿生、水生植物的花园空间,其中还有一个奇妙的岩洞。一条曲折的小路穿过池塘和湿地同园外的步行路相连接。人们漫步在小路上,可以观赏到完整的废水净化过程(图 26)。景观工程师和艺术家的共同合作设计,使整个花园在生态环保的基础上,具有了独特的艺术美学效果。②

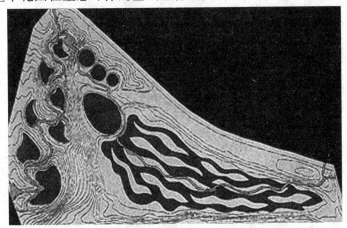

图 25　华盛顿州 Renton 的水园平面图

　　广州歧江公园的改造也是个成功的案例。该地曾经是著名的中山粤中造船厂,其辉煌的历史见证了中国工业化发展的进程。然而随着 20 世纪 90 年代后期造船厂的解散,该地也逐渐变为废墟。厂房破败、垃圾遍地、污水横流,对周边产生了负面影响,潜伏着严重的环境危机。通过利用人工湿地技术进行生态改造之后,该地重新焕发了生命力。场地仍然保留着厂房、设备、水塔等大量工业元素,与自然生态、人文艺术结合在一起,给人带来强烈的视觉体验感:体验大自然,体验艺术,体验工业时代

---

① 任艳军、陈其兵,《人工湿地系统在成都市园林绿化建设中应用的探讨》,中国风景园林学会第四次全国会员代表大会论文选集(上册),中国建筑工业出版社,2008

② 王向荣、林箐,《西方现代景观设计的理论与实践》,北京:中国建筑工业出版社,2002,p213

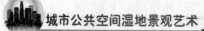
辉煌的过去。一个工业发展的历史,就被记录在这些场景之中,而处于新时代、新环境中的它们,又被赋予了新的精神、新的功能。曾经这里寸草不生,工业产物才是主宰(图27),但是如今一切终于过去了,大自然又再次回到昔日的家园(图28、图29)。

图26　华盛顿州 Renton 水园湿地景观

图27　废弃工业区严重影响了城市形象

图28 湿地化生态改造使废弃之地重新拥有了生命力

图29 废弃的工业厂房重新焕发新的活力

　　城市硬质空间的人工湿地化改造,在恢复城市生态环境、促进地方经济以及提高居民生活质量等方面均起到了良好的作用。而城市的可持续性建设正是建立在城市的生态化建设基础之上的。由此可见,人工湿地景观在城市公共空间中的营建,无论在生态意义上、文化意义上、经济意义上、社会意义上,还是在美学意义上都是明智可取的。

2.4　湿地景观对城市发展的意义

　　百年来,是人类忽视自然环境而一味重视工业发展的时代,百年后则是人类弥补过错,重新恢复自然生境的时代。湿地以其丰富的生态资源、优美的艺术元素而逐渐成为现代生态城市建设中的必不可少的景观因

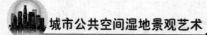
素。湿地景观作为保护水环境的一种有效形式,逐渐被环境保护者和城市建设者们所了解和采用,同时,城市中的湿地也需要艺术设计,提高人文美学质量,以达到与城市文化协调的视觉审美效果,在生态的基础上给人们带来即具自然神韵、又具人文内涵的城市景观环境。湿地系统在城市公共空间中的营造,可在多个方面给城市空间环境带来有益的影响。

2.4.1 净化城市污水

城市每天的生产和生活环节产生的污水量很大,把这些污水收集起来,通过分析、检测和处理之后注入湿地系统。污水中的各种富营养元素可以得到分层多级利用,为湿地系统中的生物群落提供物质原料的同时,水质得以净化,并无害排入自然界再次循环利用。根据我国的现实情况,人工湿地处理系统作为一种成本低廉、节能、简单易行、效果显著、无二次污染的废水处理技术已显示出越来越强大的生命力。因此,基于人工湿地处理技术的城市公共空间湿地景观,无疑在城市废水的净化再利用、缓解城市用水压力等方面具有重要价值。

2.4.2 调节城市供水

与硬质环境不同的是,对于季节性雨水丰沛的城市,湿地景观能够有效地吸收过剩雨水储存起来,防止洪水泛滥对城市生活造成的影响。等到旱季到来时再释放出来补给城市用水,改善市民用水压力。因此,城市公共空间湿地景观可以起到平衡、调节全年的城市用水量的作用。

2.4.3 改善城市局部气候

湿地系统对于整个城市生态系统都有一个自我调节作用。车水马龙、高楼林立、硬质铺装的城市环境极易导致空气污染和热岛效应。而在城市公共空间建设湿地景观后,湿地吸收热量,避免产生城市热岛效应;湿地的营建提高了地面的透水性,有效蓄存地下水,防止水土流失;湿地水域和植被富含大量负离子,大面积的绿化和水体可以调节周边的温度和湿度、净化空气、降低辐射、减少噪音等,从而有效地改善城市局部小气候。

2.4.4 丰富城市生物物种

人在城市中占绝对优势,城市生态系统中各物种之间的关系非常脆弱。而在湿地系统中得以生存的生物物种极为丰富。城市湿地系统的建设将会为动植物在城市公共空间环境中提供易于生存、繁衍的栖息地，从而得以丰富城市生物的物种数量，形成人与动植物和谐共生的良好生态局面。

2.4.5 满足城市自然情结

城市环境中不断崛起的现代化工业产物割裂了人与自然的联系。跻身于城市环境中的人类，似乎也逐渐变成了工业大机器中的一个冰冷无感情的部件。然而，人类本来就是自然生态系统中的一员，自然而淳朴的生活环境，才是人类心灵的归宿。城市生活加剧了人们的自然情结，而人工湿地景观形式的出现，实现了人们在城市环境中对自然的追求和向往。湿地丰富的水体、植被、鸟类都充满了大自然的气息和意韵，给都市中的人们提供一处悠然自得、放松心情的场所。

2.4.6 丰富市民文教娱乐

作为污水处理生态技术和城市景观艺术双重身份的湿地景观，在城市中有积极的教育意义。人们在户外进行休闲娱乐时，在与自然生态系统的接触中逐渐建立起一种生态观念，形成与自然协调一致的生活方式，树立正确的环境伦理道德观，把人类在自然中的征服者角色，变成这个生态系统中平等的一员。湿地景观的生态展示功能也为市民提供教育基地。湿地优良的生态系统，为水质净化、湿地生态、生物多样性、湿地保护等方面的学术和专业发展提供研究场所和课题教学基地。管理部门可通过定期举办湿地保护教育、交流、参与活动，以及配合学校的课程教育提供展示、讲解，以有趣的方式建立良好的学习、研究环境。

●促进城市经济发展

城市人工湿地净化水质的同时，能够产生多种经济效益。比如，湿地农作物、湿地水产、药材、能源、饲料等丰富的产出，可为市民提供食品、工农业原料等。富含营养的湿地土壤也为城市种植提供补给品。这些自然的产品受到了城市居民的欢迎。另外，湿地景观也为生态旅游带来良好的契机，促进城市旅游经济的发展。

●提升城市景观形象

城市公共空间中的湿地景观与自然界中的湿地生态系统不同。它不仅仅是单纯的自然资源，其在实现城市公共空间使用功能的基础上，结合

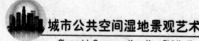
生态、文化、艺术一起,通过人类的改造,上升为蕴涵着人文精神和艺术审美的城市景观艺术,成为城市形象和居民生活的一个重要组成部分。湿地景观优美独特的艺术形象,在很大程度上体现了一个城市的发展过程和居住在那里的人们的生活品质。基于湿地生态系统带给城市生活的种种好处,在公共空间中营造湿地景观艺术是城市空间环境发展的一个必然趋势。

3 城市公共空间湿地景观艺术创造

Wetland Landscape Design in Urban Public Space

实践证明,从环境保护的角度来看,在城市中营造人工湿地景观来处理污水已经被证实是切实可行的有效方法。而在环境景观艺术设计的角度来看,湿地景观的生境之美打破了现代"工业化"的审美观念,以和谐、生态、自然野趣之生态美深深打动了生活在城市中的人们,这是更深层次的艺术。如何在人文精神的指导下将自然原生湿地的模式以更加符合现代审美逻辑的方式,转变为城市公共空间中的人文湿地景观呢?作为一种景观艺术,城市湿地系统同样也需要艺术的创造。而作为一种生态型的景观艺术,湿地元素的复杂性、可变性和多样性又要求有其独特的对审美的新理解,以其最具特点的形态,给城市居民带来自然的气息和美好的艺术享受,从而取代以前那种整洁、秩序、装饰和相对静止的城市景观环境。在探讨城市湿地景观的创作方法之前,让我们先来看看,艺术的本质是什么,艺术是如何走向大众而成为公共空间的一部分的,而湿地景观作为公共空间中的艺术应该以什么样的状态存在。

3.1 城市公共空间湿地景观作为公共艺术

3.1.1 艺术与公共艺术

3.1.1.1 艺术

艺术从一开始出现,到现代社会的艺术概念,经历了一个漫长而曲折的过程。最初的艺术起源于宗教崇拜,以模仿的方式出现。后来艺术成为王公权贵专门享用的特权,平民百姓与艺术是脱离的。18 世纪启蒙主义时期是艺术自觉的时代,艺术家的个人创造是艺术形成的方式。正如本雅明①在《可技术复制时代的艺术》一文中所说："强调艺术的独立性，划清艺术与社会生活、审美与现实的界线，强调专业的艺术家与公众的区别。"②随着科技的发展，照相术的出现使艺术的膜拜价值开始消失，艺术复制品的展览价值大大增强，艺术成为大工业生产的成果出现在人们面前。后现代主义的流行，使文学和艺术进一步走向平民、走向公众，艺术更多地深入到人们的生活中去，更多的关注大众，关注日常生活问题。精英文化的语言表达方式被生活化、通俗化、社会化的语言所取代。艺术与生活之间的关系发生了很大变化，艺术追求有效的表达和交流，与公众与普通生活产生互动、双向交流的关系。"今天的艺术作品由于绝对推崇可展览性，成了具有全新功能的塑造物"③。这种展览功能表现为多种多样的艺术形式，如绘画、书法、建筑、雕塑、植物学、园艺等。几乎没有一件艺术作品不是为了提供给人们视觉享受和精神陶冶而存在的。只要有被观看的可能，艺术作品就会摆在任何地方，接受形形色色的人们的注目。每个人都有享受艺术的权利，艺术的创作也成为反映大众、反映社会的一种表达方式，强调艺术对社会生活的干预，艺术对现实的关怀。种族、性别、生态、环保等问题都成为艺术关注的对象。

而艺术的最高境界是对自然本质的表达。但是，这种表达并不是对客观世界的简单写照，而是将个人的情感在自然中找到寄托，通过提炼的视觉形式来表达一定的思想内涵，唤起高度的情感和丰富的联想，从而最终获得精神上的解放。风景绘画艺术就充分表现了这一观点。同时风景绘画所体现的美学思想对现实生活环境也产生了广泛而深刻的影响，把艺术中的理想世界带入了人类的生活中。中国山水画中对山水关系的典型东方式理解，深深地影响着中国传统人居设计，使中国古典园林散发着浓郁的诗情画意。而在欧洲，风景画派的发展，也对现实生活环境的营造产生了广泛的影响。例如，著名法国印象派画家莫奈对他位于塞纳河谷吉维尼小镇上的故居及其花园、水园的设计，充分反映了画家在绘画艺术方面的高超造诣。其中，水园是一个人工湖，莫奈在湖里种满了睡莲和各种湿地植物，并特别注意植被高低错落、色彩关系以及景观小品的配置（图30）。美丽的水景园设计进一步激发了画家的创作激情，其画作对天

---

① 本雅明曾被称为20世纪最富原创性的思想家之一，他的美学思想丰富博大，其中对技术时代的艺术的思考对新的艺术观念形成具有重大影响，著有《可技术复制时代的艺术》。

② 本雅明（德）著，王炳钧、杨劲译，《经验与贫乏》，天津：百花文艺出版社，1999

③ 本雅明（德）著，王炳钧、杨劲译，《经验与贫乏》，天津：百花文艺出版社，1999

光水影的捕捉,对缤纷色彩的呈现令人叹为观止,体现了画家对自然的热爱、对生命的激情和渴望(图31、图32)。

图30　莫奈故居中的水园

图31　莫奈画笔下的水生植物

图32　莫奈画笔下的水园之睡莲

　　对自然本质的表达这一艺术美学立场也反映了道家思想的真谛,为中国湿地景观艺术的创造提供了方向。艺术的多样性特征也提供了多种艺术审美的可能。湿地景观艺术,就是对自然事物给予应有的尊重,通过人们的看、听、停留、冥想和回味而获得美好的艺术感受。

3.1.1.2 公共艺术

然而并非所有的艺术形式都能与自然和社会进行良好的交流。非常个人的、纯粹的创作几乎不存在任何普遍性的因素。而公共艺术的产生，真正将艺术与自然、社会融为一体，进一步将艺术拉进大众生活之中。公共艺术的基本前提是公共性。然而，"公共"这个概念并不是从来就有的。德国著名哲学家哈贝马斯（Jürgen Habermas）对公共领域和公共性的问题做过专门研究，认为"公共"这个概念在西方是社会历史发展到一定阶段后出现的，是对公民参与公共事项权利的肯定，这是人的基本权利[①]。

公共艺术是指在精神本质上"具备公共性的艺术"，它所反映的是艺术与社会关系在精神上的紧密联系。那些设置于公共场所的艺术品包括绘画、书法、摄影、工艺等各种手段和技法，并不是纯粹意义上的公共艺术。公共艺术与其他的艺术形式相比，更加注重公共性的交流、互动。"公共艺术强调共性，策划和实施是与社会、公众、公共空间环境在相互作用中共同实现的，要解决的问题不只是美化城市，更重要的是要解决社会问题，强调的不是个人创造和风格而是最大限度地与社会公众沟通，交流、融入、分享。"[②]因此，我们可以看出，除了美学效果，公共艺术追求的更多的是社会效果。公共艺术关注的是人类的基本要求、公众的思想情感和各种如生态、环保等的社会问题（图33、图34）。

图33　日本雕刻森林美术馆前的公共艺术作品

---

① 孙振华编，《公共艺术时代》，南京：江苏美术出版社，2003
② 孙振华编，《公共艺术时代》，南京：江苏美术出版社，2003

图 34　大原美术馆后庭

公共艺术对于城市的发展有着非常重要的职责和权力。公共艺术创作与这个城市特定的历史、文化和现实问题联系在一起。传统艺术强调艺术家个人思想的创作方法已经不适应公共艺术的要求了。公共艺术所体现的"社会精神"是作品要表现的核心。艺术家门走出美术馆,结合社会学、生态学及其他方法,与社会和公众相接触,从社会发展出发,从公众中寻找他们需要什么。公共艺术往往通过各种艺术形式,如建筑、雕塑、绘画、摄影、园林景观、公共设施、地景艺术等来表现大众的需求和生活状态,引起人们对环境和生态以及各种社会问题的关注,产生一定的社会文化意义。

3.1.2 湿地景观作为公共艺术

"虽然艺术是个老话题,然而一旦我们将艺术与环境整体性、人类文化研究联系起来并在艺术和设计形态学之间建立一种不可分割的关系,那么艺术研究就会被赋予新的意义,并对景观设计产生巨大的影响。"[①]走向自然、走向社会的公共艺术,与景观设计有了紧密的联系。20 世纪60 年代末,美国的许多艺术家反对技术时代对艺术品的不断复制,离开城市在远离文明之地的旷野中,运用土地、石头、水等自然景观材料建造

---

① 吴家骅著,叶南译,《景观形态学》,北京:中国建筑工业出版社,1999,p362

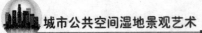

和重构环境空间,掀起了大地艺术的潮流①。大地艺术的出现,将公共艺术与人类的生存环境联系起来,成为城市景观艺术和公共艺术之间的纽带和桥梁。艺术家通过更大范围的表现对象——大地与自然中的元素,将个人情感同保护自然生态、同社会的发展联系起来,通过艺术手段,以贴近大自然的语言表现出对自然的尊重,对生态和环保的支持。这就将自然景观与艺术创作联系在了一起(图35、图36)。

图 35　史密森的大地艺术作品螺旋形防波堤

图 36　詹克斯的花园中波动的地形

　　有些公共艺术存在的时间很短,只是为了表现作者的想法,引起大众暂时的关注。而有些公共艺术作品却是长期的、生长的,让作者的思想永

---

① 唐军,《追问百年—西方景观建筑学的价值批判》,南京:东南大学出版社,2004,p100

远随着作品的存在而存在。这种公共艺术作品对社会产生的影响是广泛而深远的。德国著名艺术家约瑟夫·波伊斯（Joseph Beuys）的很多作品，都是直接表达了他对某个具体的生态环境问题的态度。他针对汉堡苏德尔易北河阿尔腾威尔德有毒淤泥区，与文化局和艺术委员会共同制定《公共场合的艺术》项目。他在污染区种植树木和灌木来遏止有毒物质渗透入地下水中，并在树林中竖立一块玄武岩纪念。从此，该区具有生态有意义的景观作品，变为活的公共艺术。在未来的岁月里，这生长的生态景观将向全世界呼唤保护环境、保护生态的观念，这也是公共艺术的社会责任[①]。可以看到，从某种角度讲，波伊斯不只是公共艺术家，同时也是创造了地区景观的景观设计师。他把艺术与景观结合在一起，共同为城市的可持续发展发展发挥作用。

湿地景观作为自然元素之一，为公共艺术提供了表现的素材，而公共艺术也为湿地景观的创造提供了丰富的手法。湿地景观设计艺术的意义在某种程度上来讲，要比单纯的湿地生态系统更为重要。它并不是对自然元素的机械描绘，而是有意识地通过艺术的表现和提炼，修正自然的"无心之失"，并渗透了人类的文化思想，来影响我们对环境、对生活的态度，是设计师对于自然和人类社会关系深入思考的结果。因此，也从这里可以看出，"湿地系统"和"湿地景观艺术系统"不是一个概念，湿地系统是纯粹的客观世界，没有人类思想的渗透，即使能够给人带来一定程度的视觉审美感受，也不能被称为公共艺术；而湿地景观艺术则是客观环境和主观艺术创作的结合，不仅为人们提供了视觉美，同时还对其功能、社会、生态等做出平衡考虑，与社会、与普通人的需求相联系，表达一种有益的思想，与大众相互交流，产生共鸣。景观设计师在理性的基础上更应该具有公共艺术家的品质，使景观设计作品不只改善人们的生活环境，更提高人们的精神境界。这也是景观艺术设计的终极意义。

为了改善城市的水质状况，恢复野生动物和鱼类栖息地，为人们提供一个与自然相互交流和沟通的户外环境，景观设计师在湿地景观方案中要表现的，不只是一个恢复水资源的生态工程，也不只是给城市带来视觉审美的立体绘画，更希望它是一个精彩的公共艺术作品。湿地景观在设计过程中，应该吸取公共艺术的精神表达和公众效应，有计划、有针对性地提出这个城市和地区的问题，通过景观艺术的方式，引起公众的广泛注意，为它们赋予新的文化内涵和社会意义。因此，湿地景观不只是改善了人们的生活环境，更通过公共艺术的景观形式和理念，培养了人们的生态观念，提高了人们的思想境界。湿地景观艺术展示了人的生命与自然界

① 孙振华编，《公共艺术时代》，南京：江苏美术出版社，2003

之间的独特的关系。这种景观艺术如此生动的原因在于它的画面不是对自然形态的复制,而是艺术想象和思考的结果,饱含了设计师对自然生境的深刻理解。因此,景观设计师不仅仅是一个"工程师"或"园艺家",而且还拥有"公共艺术家"的角色。湿地景观最重要的使命在于透过每一个设计要素,增强市民的环境保护意识。设计师并不是再现自然,而是将保护自然的理念揉合于景观公共艺术之中(图37)。

图37 充满艺术灵感的湿地景观设计

净化的水源、瀑布、休闲空间、桥梁和凉亭、小路系统,一年四季众多的植物,为各种鸟群提供了它们自由飞翔的栖息地。湿地景观艺术以微妙、平易、简单和亲切的景观艺术语言表达情感,给人带来深刻的艺术享受的同时,考虑环境与人的生存问题、关注当代都市日益膨胀的物质文化对人生存环境的影响,引起人们对城市生态和环保的重视。这正是城市湿地景观作为公共艺术作品应该呈现出来的思想境界。

3.2 湿地景观的构成元素及艺术风格

走进环境优美的湿地公园,沿着散发泥土芬芳的水岸徜徉。随风轻摆的芦苇、怡然浮于水面的睡莲,曲折蜿蜒的栈桥下流水潺潺、落花点点。草丛中,水鸟觅食嬉戏;水面下,鱼儿悠然游过……置身其中,整个人环境的氛围以及那些感人的细节所深深吸引。游览者对场景的感受是主观而朦胧的,但对于我们设计师来讲,构成这样一幅画面和氛围的要素、设计方法和思路是客观、具体而清晰的。景观形式要通过艺术手段,有意识地表现出该场所独特的形象特质。湿地景观设计的艺术内涵,就是在对场所充分理解的基础上,对其中的构成元素采用艺术的设计语言来进行综合、整体的理解和运用。湿地景观作为一个整体形式,融合了地形起伏、道路走向、湖泊池沼、生物群落、建筑景观,以及使用者的功能需要、心理需求等因素。湿地景观的艺术构成元素包括很多方面,如地形、道路、水、植物、艺术小品、声音、光线乃至气味等。与自然湿地资源相比,从艺术美学与形式规律着手对这些景观元素进行设计、组织和配置,将会使城市公共空间中的湿地景观更加具有人文特色,与城市氛围和区域特征更加紧密契合。

3.2.1 湿地景观构成元素

湿地景观设计涉及的内容复杂,元素众多,主要设计元素可归纳为六大部分:地形地貌、道路、节点、水体、水生植物、湿地景观建筑以及景观设施与艺术小品。它们在湿地环境中具有不同的功能、特征及设计方法。

3.2.1.1 地形地貌

自然界中,因为地形的起伏变化,地形地貌丰富多样,平原、丘陵、盆地、山峰等地形各有特点。景观设计是建立在一定的地理条件基础之上的,地形地貌是景观设计的形态基础。在城市公共空间的湿地景观设计中,地形地貌具体是指场地的位置、面积、周边建筑环境围合形状、地表坡度、标高、层级等原有的地形形态和面貌。

地形是湿地景观系统形成的基础条件。多样的地貌为湿地动植物的多样性提供了条件,也丰富了湿地景观的视觉形态、为游人创造了多样的空间场所。设计时不能忽视地形而主观盲目的凭空想象,又不能完全局限于原有的地形现状,要根据湿地处理废水的特有工艺要求,因地制宜,发挥优点,改造弊端,就地取材创造合理的湿地景观地形。对于平坦单调的城市公共空间来讲,创造自然地貌有很多的作用,如可以增加绿地总体面积,形成区域小气候;有利于排除雨雪积水;有利于栽植各种各样的植物种类,丰富景观层次;在城市中为各种动物创造多种空间的栖息地;可以创造丰富的景观活动空间,丰富各种功能和设施,提高游人的兴趣;减少声、光、空气污染,阻隔外界喧闹环境等。

在城市公共空间地形改造过程中,应注意因地制宜,随形就势。充分调查、分析原有地形地貌,在此基础上结合功能和视觉审美,巧妙的利用地形创造湿地景观作品。要符合生态学的观点,避免对当地自然生态环境的破坏。要保护土壤、防止水土流失,尽可能保留野生生物,使其得以生存繁衍。尤其要杜绝破坏自然生态的行为。任意开山取石、河道裁弯取直、填平湿地、变绿地为硬质铺装的做法,都破坏了自然原有形态美,甚至破坏了破坏大地的平衡和生物多样性的原生态环境,失去了生物栖息的场所。

湿地景观的地形塑造过程中,石是不可或缺的美学因素。中国传统园林艺术中的假山石,在湿地景观设计中仍是经典的艺术元素。在应用中,石头的形态有规则的步石、不规则的鹅卵石滩等,在塑造生动的地形地貌的同时,应考虑其艺术性,给湿地地形与景观细节增添自然野趣(图38)。

图38　巧妙地利用景观元素塑造出自然野趣的湿地地形

3.2.1.2 道路

道路是湿地景观构成的框架和网络。景观道路除了具有组织交通、疏导人流的功能之外,还具有明确景观功能分区,形成景观观赏路线,同时道路本身也具有艺术欣赏性,是景观构成元素之一。因此,道路设计无论在功能上还是在精神意韵上,都是湿地景观中的一个重要设计元素。

彭一刚先生在《建筑空间组合论》中讲到,道路的空间组织设计应先考虑主要人流必经的道路,其次还要兼顾其他各种人流活动的可能性。景观道路根据功能可分为主要道路、次要道路和小路三种类型,主次分明,各行其责,有序的组织景观空间。针对湿地景观的特点,道路系统应"按照总体定位和功能分区,在生态环境敏感性评价基础上,进行合理的交通组织和系统设计,避免对环境的影响,同时满足游人体验需求。道路可采用分级设计,一级园路应便捷连接各景区,考虑管理及应急车辆通行要求,宽度宜在 4 ~ 7m;二级园路应能连接不同景点,考虑人行与自行车交通和适当的应急机动车交通,宽度宜在 2 ~ 4m;三级园路主要考虑步行交通,宽度宜在 0.9 ~ 2m"[①]。另外,除了特殊情况之外,湿地景观环

① 住房城乡建设部,《城市湿地公园设计导则》,2017,P11

境中一律采用绿色环保交通工具,以保持区域环境质量,减少对敏感的湿地系统的影响。湿地景观道路在设计过程中应着重考虑以下因素:

●组织有序

在湿地空间设计中,不同路线的脉络组织关系,会形成截然不同的景观风格。轴线对称的组织关系方向明确,空间庄严,秩序感强。而有轴线但并非完全对称的道路组织形式则在完整统一中富含空间变化,严肃中不失活泼。以曲线道路形式为主的自由组织关系,则产生空间的自由流动和连续感(图39)。在较大面积的湿地景观设计中,往往采用以一种组织方式为主,另一种组织方式为辅的综合道路形式设计方法。

图39　湿地景观中的曲线道路形式

●移步换景

道路是动态的景观,沿着小路行走,随着道路线型、坡度、走向的改变,景观也在变化,要组织各种景观形态,使人能够体会风景的流动,感受最细微的景观层次,抒发或轻快或悲伤的心情。在《建筑空间组合论》中彭一刚先生认为,路线的组织要保证无论沿着哪条路线活动,都能看到一连串系统的、完整的、连续的画面。在道路主次分明,循环贯通顺畅、导向明确,防止多路交叉的基础上,湿地景观人行道路可适当增加曲折、升降变化,增加景观层次,丰富空间体验。

●艺术铺装

湿地景观道路铺装通常采用上可透气下可渗水的生态路面,防止路面积水,保持和恢复自然循环,并且"透水铺装面积应不低于铺装场地面积的50%"[1]。可渗透的铺装材料有沙、石、木、强力草皮或空心铺装格、多

---

① 住房城乡建设部,《城市湿地公园设计导则》,2017, P13

孔沥青等。不同功能的道路所选用的材料不同,铺设手法也不同。主路
比较直、顺、宽,材料多用混凝土、沥青等耐压材料铺装,拼砌图案简洁大
方,便于施工,质地牢固、平坦、防滑、耐磨。湿地景观中的小路曲折变化,
铺装图案可丰富多彩,艺术性很强。铺砌材料要结合周边的景观元素来
选择,与园林景观相协调。石板、防水木板、砖砌铺装、鹅卵石、碎石拼花
等材料是比较好的选择(图40)。

图40 丰富多变的湿地路面铺装

●与其他景观元素组景

为了避免占用过多的湿地面积,减少人对生态环境的干预,湿地道路
往往在引导行人游览路线的同时,还要具有休息、观望、照明等功能。如
道路重塑造道路两侧的凹凸空间,与座椅、灯具等功能设施构成临时休息
区域,使游者可以沿路休憩观景。在设计中应注意以人为本,亲切宜人,
形成"路从景出,景从路生"的道路景观效果(图41、图42)。

图41 道路与其他景观元素的组合设计

图 42　秦皇岛红丝带公园道路夜景

3.2.1.3 节点

丹麦建筑师杨·盖尔（Jan Gehl）在《交往与空间》[①]中提到"道路25M 左右的视距，就需要设置若干节点形成的游憩空间，满足人的心理需求。"节点是景观中重要的组成部分，包括游憩广场、标志性建筑或构筑物。所谓的节点，其实是道路与道路之间的交汇点，交汇点扩大，就成为从各个方向汇集来的人们停留、休息、活动的场所。与道路疏散人流的功能相反，节点的功能是尽可能提供丰富的活动项目来吸引人群，无论从形态上、色彩上还是从风格特色上，都成为景观中的精彩所在。所以节点的设计应有明显的特色和个性，结合各种景观元素，通过地坪高差、材质、颜色、肌理、图案等因素的变化，蕴涵地域文化底蕴，创造出独具魅力的路面和场地景观。节点在湿地景观的设计过程中应考虑以下因素：

●节点形态设计

节点的设计是湿地景观环境中区域的标志性活动场所，能够反映景观的精神面貌和文化内涵。节点在设计手法上要丰富多彩，结合水体、植被、石、建筑、艺术雕塑以及各种服务设施来创造夏可蔽日、冬可保温，可居、可游、可观的丰富空间体验。值得注意的是，节点应通过设计手段尽可能的形成充满艺术魅力的视觉焦点，避免因平淡无奇、功能缺失而无法吸引人群，造成景观面积的浪费。

---

① 住房城乡建设部，《城市湿地公园设计导则》，2017，P11

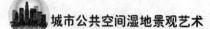
●节点地面材料

节点的地面铺装材料和铺装手法比道路艺术性更强。常采用线性、流行性、拼图、色彩手法为使用者提供活动的场所。节点的铺地用广场砖、石材、混凝土砌块、装饰混凝土、鹅卵石、木材等。铺地的方式具有很好的装饰作用,如用鹅卵石镶嵌动植物图案等。铺装的材料不要片面追求材料档次,要与环境和文化意蕴结合。铺装方法上,可采用多种手法,在形态、色彩、材质上对比要强烈。铺砌方式上要统一中求变化。另外,节点的铺装与灯具、绿化、小品等可结合进行设计,创造新的艺术形式。

●节点空间处理

湿地景观中的节点空间结合整体风格,采用抬升或降低地面、空间多次限定等手法,可以产生多种空间功能,创造丰富的空间感受,给人带来良好的空间体验。(图43)。

图43　山东艺术学院长清校区梅园中的节点形态设计

3.2.1.4 水体

景观元素中最活跃的元素就是水,它是景观设计的血脉。宋代画家郭熙在《林泉高致》中曾说:"水,活物也,其形欲深静,欲柔滑,欲汪洋,欲环绕,欲肥腻,欲喷薄……",水的形态、风韵、气势、声音蕴含着无穷的诗意、画意和情意,丰富了空间环境,给人美的享受和无限的联想,给景观增添了无穷的魅力。

对于湿地中的各种生物,水更是不可或缺的因素。丰富的水资源,为建立和发展湿地景观系统奠定了坚实的基础。不同于其他园林景观,湿地中的水体,不仅仅作为艺术元素出现。湿地的整个生态循环,都因水而得以完成。水在滋养万物的过程中,也完成了自身的净化。湿地景观是展示污水净化过程的一本活教材。这一过程加之以艺术手法的辅助,在净水功能的基础上既可形成具有生态、艺术、人文之美的湿地景观(图44)。

图44　湿地景观中的优美的落水形态

水体作为一个造景要素,在湿地景观艺术中起到了非常重要的作用,不仅可以营造空灵通透的意境,并且也能运用一定手段去拓展、贯通、引导空间,产生气韵交流,形成整体景观效果。因此,"合理安排全园水域的开合变化,以及洲、桥、溪、岛、堤等的布局与形态,形成大小不同、形态丰富、环境优美的水域空间"[①] 是湿地水系艺术设计的基本要求。但应注意的是,首先,湿地水域设计应"根据原有湿地状况、气候及降水、栖息地分布、雨洪管理要求、功能定位等,合理确定公园水体的水量、形状、水深、流向、流速、常水位、最高水位、最低水位、水底及驳岸高程、水闸、进出水口、溢流口及泵房位置等"[②]。在满足净水工艺与程序、防洪蓄水等基本功能的情况下,在人工湿地中对水景观进行艺术设计,就是指以水的净化过程为主要表现对象,来展现水的各种形态、声音、色泽等。水的景观特性强烈,具有静止性、流动性、可塑性,可发出声音,可以映射周围景物,可以与建筑物、雕塑、植物等景观要素组合,创造出生动活泼,有生命力的景观形态。

人工湿地景观中的水体在景观中表现形式多样,概括来说可以分为静水和动水两种类型,来模拟自然的溪流、瀑布、湖泊等,使水产生流动、

---

① 住房城乡建设部,《城市湿地公园设计导则》,2017,P11
② 住房城乡建设部,《城市湿地公园设计导则》,2017,P11

跌落、喷发等水位变化,形成大自然的缩影。静水、动水相互结合的设计手法,是净水过程的需要,同时也丰富了水的形态、风韵、气势、声音,增加了水的趣味性和观赏性(图45)。这些水池、喷泉、溪流等水体类型结合现代景园的设计手法,与景观雕塑、景观建筑等结合在一起,形成自然力不可达到的奇妙效果。具有参与性的水域边界设计符合人们亲水、近水的心理,从而为人们提供体验自然的空间环境。人工湿地水景具体可包括池塘等类型的静水和落水、跌水、喷泉、喷雾等动水。

图45 湿地景观中多样的水形态

池塘——池塘是指人工建造的水池,是比湖泊小而浅的水体,阳光一般能够直达塘底。城市人工湿地景观中的池塘以人工的方法引水进池。池水因为其中有很多水生植物群落而呈绿色。

落水——人为的夸大地形高差和水位,使上游水域的水自由落下,来模拟自然界中瀑布的形态。

跌水——跌水水位高差较小,或修筑成阶梯状,流水自上自由跌落而成。跌水可分为单级跌水和多级跌水。阶梯以砌石和混凝土建造居多。

喷泉——为了造景的需要,将水经过一定压力通过喷头喷洒出来具有特定形状的景观,提供水压的一般为水泵。用人工设计具有装饰性的不同压力及图形的喷水装置,可产生不同形体、高低错落的涌泉,加上特定的灯光、声音和控制系统,形成独具魅力的水景艺术。喷泉的细小水珠同空气分子撞击,能产生大量的负氧离子。因此,喷泉可以净化空气,减少尘埃,降低气温,改善城市小气候,增进居民身心健康。

喷雾——喷雾是一种悬浮在气体中的极小滴的水。在喷雾罐中,水被储藏在加压的状态之下,以微小粒子喷出,与植物、建筑物、石头等元素组合在一起,烟雾朦胧,形成如仙境般的氛围,增强了人工湿地景观环境的视觉审美层次和艺术感。

驳岸是水环境设计中重要的艺术因素。驳岸是指使用人工技术建于水体边缘,用以保护水体,避免自然和人为因素对水体的侵蚀和破坏的园林景观设施。驳岸的形式根据水域及周边区域的功能需求可分为混凝土驳岸、块石驳岸和生态驳岸。驳岸设计的方式深刻影响着人的活动方式以及生物物种的生存方式。对于湿地景观来讲,"按照水陆交接区域的植被分层、自然演替、使用功能等,设计不同类型护岸做法。以自然生态的渗透性护岸为主"[①]。生态驳岸在湿地生态系统中对于湿地物种的多样性保护尤其具有重要意义。生态驳岸是指采用人工技术和复合材料,以生态原理为基础,模仿、恢复水岸可渗透性的自然属性,建设具有较高稳定度和强度的自然生态水岸。在城市公共空间湿地景观设计中采用生态驳岸更利于为湿地物种创造适宜的生存环境,更充分的发挥湿地对环境的调节功能,并从景观视觉效果上与整体湿地环境更为协调统一。

3.2.1.5 水生植物

植物的种类繁多,地方性强,还具有丰富的美学意蕴。"按照湿地水生生态系统—湿地生态系统—陆生生态系统的多样化、过渡特色,形成沉水、漂浮及浮叶植物—挺水植物或湿生(沼生)植物—陆生乔灌草的群落形式"[②]是城市公共空间中湿地植物景观配置方法。运用沉水、浮水、挺水等各种类型的净水植物种类,以及陆生乔灌木,在生态的原则下,通过艺术手法,充分发挥植物本身的形态、色彩、质感等自然美,创造与周边环境相协调的艺术与功能空间,能够产生强烈的美学意境。在设计过程中,湿地植物景观设计必须首先在满足净水功能的基础上配置,然后遵守一定的设计原则,从生态、形态、文化内涵、经济与实用等方面全面考虑,才能成为优秀的湿地艺术作品。在配置湿地植物时应特别注意以下原则:

●因地制宜原则

植物是有生命力的有机体,每一种植物对其生态环境都有特定的要求,植物个体的生态习性各不相同,对温度、湿度、光照、土壤、空气等都有不同的要求,群体生态中还涉及各种植物的相互关系。在利用湿地植物进行水质净化和景观设计时必须先营造植物生长需要的生态环境。如

---

① 住房城乡建设部,《城市湿地公园设计导则》,2017,P11
② 住房城乡建设部,《城市湿地公园设计导则》,2017,P13

果湿地景观中的植物种类不能与种植地点的环境和生态相适应,要么对本地生物群落造成威胁,要么生长不良,维护费用高。这样也就不能达到预期的净水效果和景观效果。因此,在进行种植设计时需"尊重场地原有特色,避免过度设计,避免外来植物入侵"[1],同时,因地制宜"优先选用生态效益高、适应性强、低维护的乡土植物品种"[2]是湿地植被配置的首要生态原则。乡土植物对周围环境高度的适应性,也是体现当地特色的主要因素,使湿地植物景观具有明显的地域性和文化性特征(图46)。

图46 湿地植被具有鲜明的地域特征。

● 实用原则

在湿地景观中最具有生态意义的元素就是植被。"对设有生物滞留、水体净化等雨洪管理设施的绿地,应根据设计滞水深度、雨水渗透时间、种植土厚度、水污染负荷及不同植物的生态习性等条件,选择抗逆性强、抗污染、耐水湿的植物种类"[3]。湿地景观中的水生植物在污水的净化过程中起到了关键作用,可以分解、吸收水中的营养物质及其他元素,增加水体中的氧气含量,并有抑制有害藻类繁殖的能力,利于水体的生物平衡等(图47)。不同类型的植被其分解吸收成分不同,净水能力的高低在于湿地水生植物的种类和配置。因而,针对水质配置不同类型的湿地植物组合,可以有效地提高污水净化效果(图48)。而作为湿地景观的艺术元素,水生植物的形态和色彩的美学配置也给湿地系统带来了生境之美。

---

① 住房城乡建设部,《城市湿地公园设计导则》,2017,P11
② 住房城乡建设部,《城市湿地公园设计导则》,2017,P15
③ 住房城乡建设部,《城市湿地公园设计导则》,2017,P15

图 47　不同类型的水生植物具有不同的污水净化能力

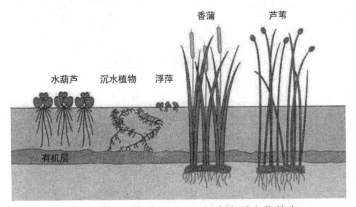

图 48　多种湿地植物组合可提高水质净化效率。

●经济原则

湿地植物景观在养护管理上须遵循经济原则，减少资金投入和管理费用。多选用寿命长，生长速度中等，耐粗放管理，耐修剪的植物，避免采用那些养护管理费时费工的植物。在节约成本、方便管理的基础上，以最少的投入获得最大的生态效益和社会效益。

3.2.1.6 湿地景观建筑

生活中，建筑的类别和功能非常多。按材料来分，主要包括土结构、木结构和砖石结构、钢结构、膜结构等。按使用功能分，有公共建筑、民居、工业建筑等等。湿地景观中的建筑，是指湿地景观区域内的具有实用功能和审美价值的建筑元素，如大门、亭子、水榭、桥等建筑小品。湿地景观

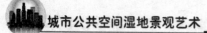
建筑在环境中起到点景、赏景和组织空间的作用(图49、图50)。与其他园林建筑相比,湿地景观建筑功能简明,体量小巧,富于神韵,更注重其艺术形态与湿地自然风景的协调性。同时,应采用生态环保材料及可再生能源,避免对湿地生态环境质量的影响,达到与湿地生态景观环境完美融合之效果。景观建筑单体在湿地景观中的作用主要有:

图49　湿地景观中的建筑小品

图50　与水景紧密结合的景观构筑物

●满足功能要求

景观建筑首先要满足人在湿地游览过程中对各种使用功能的需求,这是建筑在景观环境中存在的基础,如休息、遮风避雨、餐饮、游艺等。在人工湿地污水处理区域,用于储存各类工具的景观建筑也必不可少。

●组织景观空间赏景

空间的组织和布局是湿地景观设计的重要内容,不同空间形态的序列变化、巧妙的组织，会给人带来美好的环境体验境界。各种景观建筑类型，是划分、组织景观空间的好方式，如庭院、游廊、花墙、门洞等。通过建筑观赏室外的景色，门洞、窗洞等建筑元素也可以起到框景的作用，形成独特的赏景方式。

●点景

建筑景观在湿地景观艺术塑造过程中虽然重要，但其在造园上不起主导作用。小桥、木平台、花架、凉亭等人工构筑物在湿地景观系统中的位置是从属地位，面积不宜过大，位置不宜突出，仅是点缀与陪衬，达到"从而不卑，小而不卑，顺其自然，插其空间，取其特色，求其借景"的效果。

3.2.1.7 景观设施与艺术小品

湿地中的景观设施与艺术小品具有独特的艺术特性与审美效果往往是环境的中心，视觉的焦点，为自然生境添加了人文因素。优秀的景观设施与小品能够加强景观环境的艺术氛围，提高环境艺术品位和思想境界，提升整体环境品质。如设计精美的流水雕塑、灯具、座椅等，在方便人们使用的同时，活跃了湿地景观的气氛，给人带来人文艺术享受。

与其他的艺术形式相比，公共空间中的艺术小品更加注重公共的交流、互动，注重"社会精神"的体现，将艺术与自然、社会融为一体，通过雕塑、壁画、装置等艺术形式来表现大众的需求和生活状态，并对社会发展、区域环境产生积极的影响。优秀的艺术小品还具有明显的地域特点，是该地人文历史、民风民情以及发展轨迹的反映。通过艺术小品具有地方特色的艺术形态设计，可以明显提高区域的识别性。

"公园配套设施的设计应从生态性、功能性、景观性、科普性等方面综合考虑。根据基本功能可分为管理服务设施、游憩服务设施、配套服务设施、科普宣教设施、安全保障设施、环境卫生设施和交通设施，应根据公园发展及功能定位具体配置，并应在设计时适当考虑地域文化传承及场所精神体现。"[1] 如果说艺术小品仅具有艺术欣赏价值的话，那么具有休息、照明、导向等景观设施，则是具有实用价值的景观小品，这些设施给人们提供了舒适的使用环境。从某种意义上来讲，景观设施通过独特的设计也可以成为艺术品。在完善功能的基础上成为景观艺术品是设施设计所追求的方向。

●雕塑小品与装置艺术

雕塑是指用传统的雕塑手法，在石、木、泥、金属等材料上直接创作，

---

① 住房城乡建设部，《城市湿地公园设计导则》，2017，P17

反映历史、文化和理想、追求的艺术作品。雕塑分为圆雕、浮雕和透雕三种基本形式,现代艺术中也出现了四维雕塑、五维雕塑、声光雕塑、动态雕塑和软雕塑等。装置艺术则是场地、材料、情感的综合展示艺术。艺术家在特定的时空环境里,将日常生活中物质文化实体进行选择、利用、改造、组合,以令其延伸出新的精神文化意蕴的艺术形态(图51)。湿地景观中的雕塑小品与装置艺术,形态上宜与湿地生境协调、呼应,主题上则应围绕湿地水质净化、生态、环保、物种多样性等方面的教育内容进行创意。

图51　湿地景观中的艺术小品

●座椅

座椅是景观环境中最常见的基础设施和景观元素,为游人提供休憩和交流。在湿地景观中,路边的座椅应退出路面一段距离,避开人流,形成休憩的半开放空间,供游人短期休息。而景观节点中的座椅设置以设置在有植物或景墙作为背景的地方,且面对景色的位置,方便游人长时间的休憩与观景。座椅的艺术形态各异,或直线构成,或曲线构成,或仿生模拟自然动植物形态,均应与湿地生境保持和谐。优秀的座椅设计自然得体,与景色环境相互衬托,可以取得变化多样的艺术效果。

●指示牌

指示牌在湿地景观环境中起到清晰无误的指示、介绍和导向等作用。同时,指示牌本身也是艺术形态的体现。设计时在醒目明确,保证其使用功能的同时,应注意与湿地景观环境的协调,避免其影响整体环境的视觉效果。

●灯具

灯具也是湿地景观环境中常用的基础设施,以点亮夜晚,渲染景观,方便游人夜行观赏。灯具种类丰富,有路灯、草坪灯、水下灯以及各种装饰灯具和照明器等。灯具选择与设计要遵守功能性与艺术性相结合的原则。首先,景观灯具要功能齐备,光线舒适,能充分发挥照明功效,并保证使用安全;其次,灯具的艺术性要强,形态具有美感,光线设计要配合环境,形成亮部与阴影的对比,用"光"与"影"来衬托自然的美,并起到分隔空间,变化氛围的作用,丰富空间的层次和立体感。

● 垃圾箱

垃圾箱是景观环境中不可缺少的基本生活设施,是保护环境、清洁卫生的有效措施。垃圾箱的设计在功能上要注意区分垃圾类型,有效回收可利用垃圾。在形态上要注意与环境协调,并利于投放垃圾和防止气味外溢。

● 桥

桥是湿地景观环境中的辅助交通设施,与景观道路系统相配合,联系游览路线与观景点,组织景区分隔与联系。在设计时注意水面的划分与水路的通行,还要注意造型的艺术性及与环境的协调性。水景中桥的类型有汀步、梁桥、拱桥、浮桥、吊桥、亭桥与廊桥等(图52)。

图 52　质朴自然的小桥与湿地环境十分协调

当然,除了以上所讲的景观要素之外,湿地景观艺术还包括其他的元素,如声、光、气味、多媒体等。尤其在现代化的景观设计中,科技占了很大的比重。传统的景观元素固然重要,其他的元素也是反映景观特色的重要补充,在做好基本景观元素构成之后,这些新的构成元素将会使最终的设计更完善。

由此可见,湿地景观构成元素众多,而这些元素的组合关系形成了湿

地景观元素的艺术风格。在湿地景观的小品与设施设计过程中,一方面,应具有独特的个性,反映它所处的区域环境的历史文化和时代特色,吸取当地的艺术语言符号,采用当地的材料和制作工艺,产生具有一定的本土意识的环境艺术品设计;另一方面,小品与设施设计应注意节约能源,采用可再生材料来制作艺术品,引导和加强人们的生态保护观念。要创造一项优秀的湿地景观系统工程,必须考虑到这些景观元素的设计与整合,运用艺术美学原则整体有序地进行创造,使其功能与视觉效果、心理感受充分结合,才能创造出优美宜人的湿地景观艺术环境。

3.2.2 湿地景观的艺术风格

是要理性设计的美还是要乡野中自然天性的美?不同风格的湿地景观取决于环境需求,及对构成元素有目的的规划。这需要景观设计师在着手设计之前先确定该场所的性质。湿地景观的风格主要取决于景观所处地的性质和要表达的内容。作为具有社会功能的湿地景观公共艺术,就必须有明确的地方特点、性质,以及针对该地特性的主题和形式。湿地景观形态的形成包含了复杂的因素,不同的自然条件,不同的文化传统孕育了形式各异的风格形式。

湿地景观的众多元素,从形态上来分析,可归纳为点、线、面、体形态元素。这也是环境空间形态艺术的基本构成元素。艺术风格取决于设计师对这些基本构成元素的不同的构成、配置和规划思路。对于人工湿地景观设计来讲,自然也离不开对这些构成元素美的运用。从整体规划到景观细节,都牵扯到按照艺术美学原则对点、线、面、体湿地景观元素的美学配置,注意其比例与尺度、协调与对比、节奏与韵律、对称与均衡、统一与变化、对比、和谐、重心、特异。总体来讲,设计师可以从形态、空间和意境这三个方面来考量景观形态设计。

●艺术美原则

完美的湿地景观应具有强烈的艺术审美,通过艺术构图原理体现出道路、植被、水、石、各种小品和设施的形式美,及人们欣赏时所产生的意境美。湿地景观中各个元素的艺术性创造是极为细腻复杂的,需要巧妙地利用形体、线条、色彩和质地进行构图,表现其独特的艺术魅力。

●形式美

一般的艺术规律同样可以用在湿地景观设计中。例如"多样统一""强调和对比""均衡""韵律和节奏"的形式美原则。在一定的环境条件下,充分利用景观元素的形体、线条、色彩和材质进行巧妙的设计和布局。色彩明暗对比、色相搭配及高、低、大、小的组合,共同形成统一而又富于变化的景观构图。另外湿地景观设计需注意四季景色季相变化,形成三时有花、四时有景的景观效果。

●空间美

此外要特别注意湿地景观空间的立体化设计。景观设计是一门空间的艺术,人穿行在其中,感受也是全方位的。移步换景、步移景异,风景随着空间的变化而变化。而对于人的视觉来讲,垂直竖向的变化远比平面的变化更能引起其关注与兴趣。因而,景观设计不应仅仅是平面设计,而应是全方位的立体设计。

●意境美

湿地中特有景观元素的形、色、香、声、韵之美,可以表现人的思想、品格、意志,创造出寄情于景和触景生情的意境。这一种从形态美到意境美的升华,不但含意深邃,而且从某种程度上加深了人与自然万物的关联,达到了"天人合一"的境界。同时,春、夏、秋、冬时令交接,阴、雪、雨、晴气候变化,都会改变湿地景观环境中各类元素的神韵,改变景观空间意境,并深深影响着人的审美感受。

●湿地景观形态风格

具体到城市湿地景观设计的风格,按照形态归类可分为自然和几何两种形态,以及自然与几何结合的混合形态。不同的国家、不同的时代以及人们不同的审美需求,使湿地景观产生了不同风格的形态特点。

○自然形态

在中国、日本以及部分西方国家的传统园林中,自然形态景观设计占有重要地位。尤其在中国,不论规模大小,都以自然山水为主。而现代城市中自然风光的欠缺使得人们渴望接触来自郊野的气息。自然形态湿地景观把自然景色和人文艺术结合在一起,达到"虽由人作,宛自天开"的效果,再现了自然界的湿地风光。整体布局自由洒脱;水体轮廓自然曲折,驳岸主要采用自然山石;建筑形式也活泼多变、因地制宜;植物以孤植、丛植、群植、密植为主要形式等。不同地域的湿地形态有一定差别,但其共同特点就是模拟自然、寄情山水。同时地域风情和历史文脉的差异又使湿地景观中的人文艺术具有独特而深刻的社会内涵。湿地布局灵活多变,结合溪流、桥、池塘、景观建筑和水生植物等,各种景观因素都显得真实、自然。在城市中采用自然景观形态,可以给人轻松愉悦、回归自然之感(图53)。

图53　自然形态的湿地景观艺术设计

○几何形态

这种形式以几何形态为主,强调轴线的统帅作用,具有庄重、开敞的感觉。轴线与次轴线明显,所有的景观元素依照轴线布局。道路成方格或环状放射,采用几何图案、道路和植物等元素来组织空间。水景外观也往往采用几何形态。这种方法可以形成现代建筑与生态环境之间的自然过渡。规则几何形态的湿地景观设计在政治性、纪念性的场所或者现代科技空间中较常采用,设计时往往在功能上要求有较强的区域感,把湿地景观元素如水、湿地生物等按照规则的布局方式布置在理性的空间结构中(图54)。湿地中的各种植物在框定的方格子中,探出优美的自然形态,给人带来意外的审美感受。

图54　几何形态的湿地景观艺术设计。

○混合形态

纯粹的自然原生状态湿地景观观赏性强,但缺乏对游人参与性的充分考虑,而单纯的几何形式,又像给大自然带上了枷锁,有一种桎梏的感觉。而自然形态与几何形态相互交叉的混合设计,是湿地景观设计中最常用的形式。在多元文化的影响之下,现代城市的发展和人们的需求与以往相比,更加丰富化、复杂化,形式单纯的欣赏功能已经不符合市民的多样化生活要求。自然形态与几何形态的结合,在不妨碍湿地植物生长和自然水循环的条件下,强调社会秩序和人文精神,结合人的心理行为来设计的湿地景观,满足了人们对功能和审美的双重需求(图55)。

图55　混合形态的湿地景观艺术设计

3.3 城市公共空间湿地景观艺术创造方法

各种湿地景观艺术元素只是分离的个体,而"对设计作品的美学批判在很大程度上取决于处理这些元素相互关系的方式,和它在特定的环境中形成的气氛,而不是决定于元素的数量"[①]。湿地景观中单个元素的艺术品质固然重要,但把它们联系在起来,形成一个有机整体的艺术手法更为关键。如何才能做到在满足基本功能的基础上发挥艺术创作的灵感,使人们能够在舒适方便的基础上享受艺术之美?"将这样一种抽象的艺

---

① 吴家骅著,叶南译,《景观形态学》,北京:中国建筑工业出版社,1999,p146

术概念转化为具体的艺术手法从而传达出期望中的美学内涵"[1]是湿地景观的艺术创造过程中最艰巨的任务。

3.3.1 观察分析——奠定湿地基础

在一个空间环境中创作湿地景观的过程是观察、理解和表现自然生态本质的过程,但并不仅仅是对自然造化的杰作进行描绘。它存在于一个特定的人文环境之中,就必然带有该环境的人文性质、社会背景、城市特征、民俗风情等文化因素。这些都会影响到湿地景观的艺术概念的形成和艺术形态的表达方式。原有基地环境状况是营造湿地景观的基础。对基地自然环境、人文历史和周围居民的情况调查,在保持原有自然系统的完整的基础上,充分利用自然生态,考虑居民的要求是设计的前提。不顾环境条件,只按照所谓的艺术构思来做设计,将会破坏原有的生态平衡和环境氛围。因此,单纯的视觉审美并不是景观设计的全部。

在城市的开阔地带对于水的处理是个谨慎的问题,不是在城市的所有需要处理废水的地段都可以实施湿地景观设计。了解一项设计任务是否适合做湿地景观,首先就要实地考察场地的现状以及周边的环境,认真分析空间环境和客观情况,如湿地景观所在的地质、地貌、气候、湿度、土壤、雨量、风力、日照等自然条件(图56);交通、治安、教育、娱乐、风俗习惯等人文条件;基地的废水水源、水质成分、空间功能、维护管理等环境条件(图57)。[2]应重点调查与基址相关的"生态系统动态监测数据、水资源、土壤环境、生物栖息地等。根据各地情况和不同湿地类型与功能,建立合理的评价体系,对现有资源类别、优势、保护价值、存在的矛盾与制约等进行综合分析评价"[3],以确定该地是否需要并且适宜营造湿地景观。这是创造完美湿地艺术效果的重要基础。因此,在湿地景观设计过程中,综合分析考虑各种需要,根据污水处理的流程和人们对视觉审美、对不同功能空间的需求,统一协调解决各种问题,在尊重自然、社会和现有环境的同时,遵守"环境共生"法则,才能形成好的湿地景观总体布局、好的构思、好的功能,独特的风格艺术处理。

---

① 吴家骅著,叶南译,《景观形态学》,北京:中国建筑工业出版社,1999,p157
② 陈六汀,梁梅,《景观艺术设计》,北京:中国纺织出版社,2004,p57
③ 住房城乡建设部,《城市湿地公园设计导则》,2017,P4

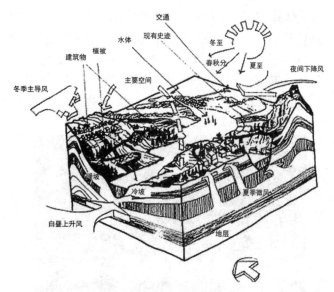

图 56 基地空间与气候分析

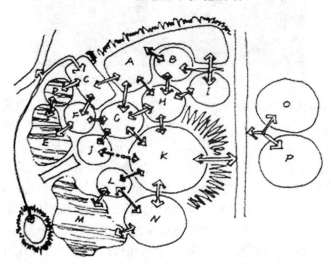

图 57 基地空间功能分析

3.3.2 意向构思——创造湿地灵魂

在艺术创作过程中,张彦远曾指出"意在笔先"的理念。湿地景观不仅是一个实质空间环境的创造过程,更是一种艺术作品的创作过程。它不仅要考虑实际功能的需要,同时也要考虑到人在精神审美方面的需求。著名造园家陈从周在《说园》中道:"造园一名构园,重在构字,含意至深。

深在思致,妙在情趣,非仅土木绿化之事。"① 尽管湿地景观是对自然湿地系统功能的模拟和对其自然湿地风光的再现,但并不是机械的模拟自然湿地风光。它在自然的基础上增加了人文精神色彩,要表达一定的思想意图,与大众产生共鸣。因此,在观察分析实地状况以后,动手进行艺术表达之前,在头脑中先形成一个整体的湿地景观设计意向,反映明确的场地人文精神内涵,是湿地景观至关重要的设计环节(图58)。

图58 设计意向是湿地景观的灵魂

湿地景观构思与其他艺术作品一样,要有新意、有特色,但是,湿地设计中的"意"更有其特殊性和复杂性。在开始湿地景观具体形式形成之前,首先将实地观察和分析的结果进行理性分析,规划合理的污水处理生态程序,然后结合当地的历史文脉、风土人情、使用者的心理需求等因素,在心中建立起一个抽象的想表达的艺术意念,综合考虑湿地景观实质形态和空间形态的各个因素,做出总体设计,使湿地景观的功能和各个因素的艺术处理彼此相协调。作为湿地景观艺术,虽然主要倾向于自然风光与生态肌理的重塑,但是其中"意"的建立和传达仍然起着决定性的作用,通过艺术的提炼及各种手法,来表达设计者对自然与生命的理解。

3.3.3 艺术表达——再造湿地神韵

湿地景观设计是一项现实的艺术实践活动。虽然它的整体艺术构思是抽象的、高层次的思维结果,但在具体的实现过程中则需要更为明晰的视觉审美概念。寻找到理想的方式对设计意图进行准确的表达是一个成

---

① 陈从周,《说园》,济南:山东画报出版社,同济大学出版社,2002,p36

功设计的标志。

景观设计包括理性调查、归类、分析和感性美学表达等方面的内容。设计师对湿地景观的生态流程合理布局、空间和交通联系、景观的艺术效果等具体问题有了深入分析,确定其功能和意向之后,如何将理性逻辑与感性情感从概念转变成实际的景观形象,如何将心中形成的湿地景观意象使用准确的设计语言进行有效的艺术表达,成为湿地景观最终成型的关键阶段。

●湿地精神的自由洒脱

在湿地景观艺术审美中,人们对湿地超然脱世的自然美的体验十分重要,以满足生活在钢筋水泥高楼大厦中的现代城市居民更多的接触大自然的渴望。一收一放、一开一合、一起一伏、变化丰富的形式是湿地景观表现自然生态的艺术手法。而湿地景观虽然模拟自然湿地的自由、天成,但是在现代城市的环境背景中,人工湿地景观的创作带有强烈的人文因素。因此,这表面看似"自由"的湿地景观元素并不是真的自由,而是经过理性思考的设计和组织而产生的有重点、有序列的湿地自由空间。这种不经意的自由,正是设计者要格外经意设计的地方,富有活力,神秘而不可琢磨,更加提升了湿地景观的美学韵味(图59)。

图59 表面上的自由蕴涵了理性的思考

●湿地空间的渗透层次

空间是人们可以居住、娱乐、生活或欣赏美好景色的特定场所。人们体验景观的重要途径之一就是人对空间形式的感受。而"空间的自由感并不取决于尺度而取决于布局手法"[1]。城市规划师、建筑设计师奥斯卡·纽曼(Oscar Newman)把空间分为公共空间、半公共空间、半私密空间、私密空间四种空间类型。在湿地景观设计中,这些空间类型的灵活运用,仍然是设计的关键部分。首先结合生态技术的流程,规划出这几种不同的空间类型,进而创造一种有序而自由的感觉布局方式,产生丰富而有意义的艺术性空间。这几种空间类型之间的秩序是一种无形的形式,各个景区都是独立的生命体,并与其他景区相互渗透、相互延伸、相互呼应,形成流动性。这种参差错落、欲露还藏的空间,能够满足使用者不同的心理和生理需求,并丰富了湿地的空间层次,使人产生无尽延绵的感觉,通过空间形态的有机变化如空间曲折、节点收放、开敞与围合等方法可以出现意想不到的效果。在陶渊明的《桃花源记》中写得"初极狭,才通人。复行数十步,豁然开朗。土地平旷,屋舍俨然,有良田美池桑竹之属"。形象地描述了这种欲扬故抑的空间处理手法,给人以新奇、惊喜、释然和心旷神怡等一系列情感变化(图60、图61)。而直接、单调的处理手法就会给人枯燥无味的感觉,难以吸引人的兴趣。用高超的技巧、想象和感性来处理空间的过渡,才能使观赏者体会到空间的丰富变化,产生丰富的审美体验。

图60　先抑后扬、豁然开朗的湿地景观视野

① 吴家骅著,叶南译,《景观形态学》,北京:中国建筑工业出版社,1999

图 61　渗透呼应的景观层次带给人丰富的空间体验

在寸土寸金的现代城市公共空间中，丰富的湿地景观空间营造手法无疑可以产生步移景异的空间变化效果，层层推进和启迪人们的想象空间，增加人们对于探索未知的兴趣。随着空间丰富体验感的增加，一块有限的空间就幻化出了一种无限的感受，使原本局促的用地面积得到无形的扩展。特别是对于在现代都市生活中的那些生活方式单调的人们来说，更能体会到自然空间多变的形式带来的新奇和喜悦。

●湿地路径的委曲深幽

在中国的美学观念中，含蓄、隐喻是艺术表现的核心思想，因此委曲深幽的境界在中国艺术中有很高的地位。《二十四诗品》有"委曲"一品："登彼太行，翠绕羊肠。杳霭流玉，悠悠花香"[1]，充分说明"曲"是自然的节奏、和谐的精神，含蓄、委婉是艺术的至高境界。同样，迂回曲折的艺术表达方式在以遵循自然为原则的湿地景观设计中也具有重要美学价值。

湿地景观的路线采用曲折的组织方式，延伸观赏路线，引导观赏者的行为。表达方式可归结为一个词——"曲径通幽"。"风景区之路，宜曲不宜直，小径多于主道，则景幽而客散，使有景可寻、可游，有泉可听，有石可留，吟想其间。"[2]曲折的路径把人们的视线导向不同的空间，引领人们在这一运动过程中逐渐发现不同的景观，使湿地空间给人以连绵不尽和深远的感受，为人们留下想象的空间（图62、图63）。

[1]　朱良志，《中国艺术论十讲——曲院风荷》，合肥：安徽教育出版社，2003，p59

[2]　陈从周，《说园》，济南：山东画报出版社，同济大学出版社，2002，p72

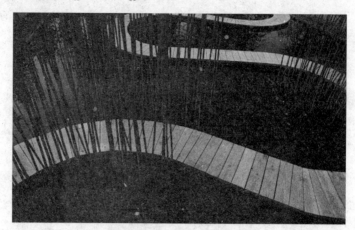

图 62　蜿蜒曲折的水上路径

图 63　六盘水明湖湿地公园优美的湿地观赏路径

　　但"曲径通幽"并不只是意味着运动路线形态曲折多变,同时,它还是组织景观中各元素的一种艺术表达方法。钱泳在《履园丛话》中说:"造园如作文,必使曲折有法。"① 湿地景观中的山水以及其他景物相互参差交错,互相环绕渗透,并随着季节、视角和光影的变化而变化,自然而不受约束,在各个角度上形成了各异的效果。曲桥、曲径、曲水、曲廊,流动、清幽、绵长、内蕴悠远,这种流畅、柔和的美使人在游览活动中获得艺术的享受(图 64)。

① 吴家骅著,叶南译,《景观形态学》,北京:中国建筑工业出版社,1999, p63

图64　柔美多变的湿地景观给城市里的人们提供了自然舒适的生活环境

　　在城市湿地景观的创造中,曲水不仅仅在形式上给人美的感受,在净化污水的过程中,也可以增加水中的氧气含量,提高净化的效率(图65)。湿地景观中的水岸设计,有些地方采用混凝土砌筑,整齐又防止水体漫溢。但是,这种做法不但形式僵直生硬,生态上也破坏了天然湿地的过滤、渗透等作用。科学的做法是以自然升降的湿地土壤基质代替人工砌筑,水岸自然过渡并种植湿地植物,加强了生态功能,提供了生物栖居场所,并丰富了净水环节,在生态与视觉审美上都产生了良好的效果。"丰富、自然而有生机"[①]这正符合了"曲"的美学原则。

图65　蜿蜒曲折的流水路径设计

---

① 王凌,罗述金,《城市湿地景观的生态设计》,中国园林,2004 年第 1 期,p40

　　湿地构筑物的隐现自如中国的传统美学观念注重"隐""藏"的艺术效果,认为"景露则境界小,景隐则境界大"①。在中国绘画创作中有"远山无脚,远树无根,远舟无身"②的说法,描述了"隐"给人带来的美感。

　　古人"深山藏古刹"的景观描述,也道出了景观设计"隐"的精髓。建筑并不是园林的主体景观,尤其是在以自然生境美为主的湿地景观设计中,建筑更应该服从整体的自然生态感,以尽可能少的建筑,隐藏于湿地风光之中。"宜屏者屏之,宜敞者敞之,宜隔者隔之,宜分者分之。见其片段,不逞全形,图外有画,咫尺千里,余味无穷。"③景观的每个观赏点看来都是一幅幅不同的画,深远而有层次(图66)。

图66　隐藏在大自然中的人工构筑物

　　而由于对时间和效率的要求,现代设计大多是"露",将一切元素都摆在欣赏者面前,暴露无遗。直白枯燥的表现方法,无法带来自然美感,更无法引起人们更深的兴趣。为了使必要的人工造物与湿地自然景观有机地结合起来,因地制宜、自然成势、不露痕迹,尽量缩小建筑的体量,并采用与自然和谐的材质和形式,将它们适当地隐藏起来,与周围的自然环境融为一体,体现了设计师对天、地、人之间关系的理解,使整体气氛显得更为自然。通过四散分布的人工构筑物,将人引入大自然中,这种微妙含蓄的手法给游人带来了更大的乐趣。

①　陈从周,《说园》,济南:山东画报出版社,同济大学出版社,2002,p70
②　陈从周,《说园》,济南:山东画报出版社,同济大学出版社,2002,p29
③　陈从周,《说园》,济南:山东画报出版社,同济大学出版社,2002,p29

●湿地景点的引导暗示

引导和暗示的过程,就是人们主动地去发现景观的过程。在湿地中游览,给人以暗示和想象,鼓励人们的能动参与,巧妙而不留痕迹的调动观赏者的情趣,引导人去自觉发现过程是很必要的。如果一进门便觉得空旷平淡,就引不起游人的兴趣。引导和暗示的设计方式可以让人被多层次的景观对比吸引,领略不同的景观感受,不断被喜悦打动,产生了很好地与场景沟通的效果。一缕清泉、一蓬水草、几尾小鱼,都会给人带来惊喜的发现。

湿地景观中水体净化的主景设计中,尤其适合采用此方法。按照废水净化的技术流程,采用一定的艺术处理手法,来引导人们从水的源头开始,沿着净化的环节行走,最终到达清洁的水面,完成了整个污水净化过程的学习和欣赏。而喜悦就来自于这种暗示带给人的主动发现(图 67)。这种艺术的引导过程绝非是画箭头或竖立导向牌能够起到的效果。这种方式充分满足了人们对事物的好奇心理,自主参与到景观中来,与设计师一起感受湿地景观的自然与神秘。

图 67　湿地景观中的每一个主动发现都令人兴奋

3.3.4 交流共生——保持湿地完整

老子在《道德经》第四十二章中说:"万物负阴而抱阳,冲气以为和"。中国朴素哲学思想认为,气是形成世界的本源,是宇宙和谐的媒介。"气"在中国绘画中具有重要作用,是绘画作品的气韵与生命。景观设计同样如此。陈从周在《说园》中提到:"造园如缀文,千变万化,不究全文气势立意,而仅务词汇叠砌者,能有佳构乎?文贵乎气,气有阳刚阴柔之分,行文如此,造园又何独不然,割裂分散,不成文理,籍一亭一榭以斗胜,正今日所乐道之园林小品也。盖不通乎我国之文化特征,难以言造园之气息也。"[1] 成功的景观设计必然首先是和谐、均衡的,体现出幽雅、含蓄的气韵。

在湿地景观的设计中,"气"的体现更加明显。湿地景观艺术创造在确定了景观中的各个艺术元素形态的同时,要注意每一个设计元素都属于其周围环境脉络的一部分,和其他形式发生着联系,与其他因素意境贯通,大小、曲直、虚实、动静形态之间的呼应和交流,都存在于统一的气韵之中。水就像湿地景观中的血脉,是湿地中一切生物生存的基础,也是贯穿各个艺术元素的精神气韵。"水的流动淌落以及由此产生的悦耳声响为湿地空间增添了活力和情趣,水中的游鱼和水草丰富了湿地景观的层次和运动。水边的树荫、亭榭或是水中的小岛又形成了供人休憩、思考的静谧的角落。"[2] 湿地景观中的水在不同的空间以不同的形态出现,对不同的空间起到交流和联系。水的联系、贯通,使游人不只了解到水质净化的全过程,而且还获得了对湿地景观艺术整体情调的完整体验。湿地景观空间的各个部分都是经由水而紧密联系的有机整体,因水成景,这样才能产生活力和功能。同时,水质净化这样的一个生态流程,恰恰创立一种能引导和组织人们活动和认知的潜在线索,给人在空间的游览活动提供一个连贯通畅的流线形态(图68)。

图68 湿地中的路径引导人们对生态水环境的完整认知与体验

① 陈从周,《说园》,济南:山东画报出版社,同济大学出版社,2002,p64
② 吴家骅著,叶南译,《景观形态学》,北京:中国建筑工业出版社,1999,p175

　　湿地景观气韵交流不仅仅是在场所范围之内多个元素的交流,更可以扩展到场所之外,将设计者的设计概念与周边的客观环境紧密结合、气韵贯通。这种交流共生的思想关系到整体环境质量的提高。"景观的价值不能由客观存在自身孤立地体现出来,它只能体现在景物之间和景物与人的和谐交流之中。"①湿地景观各要素之间的交流关系是设计的关键因素。湿地之"气韵与生命"正是存在于景物和景物、景物和人之间的和谐交流之中。

　　城市湿地景观设计的动机在于将理想中的自然生活状态在现实中筑造出来,提炼一种审美体验。它应该有自身的风格和创作方法,但作为环境的一部分,我们在设计的时候,仍要考虑湿地景观在整体环境氛围中的地位和风格,渗透着浓郁的人文精神。考虑其与周边环境因素的和谐共生,城市公共空间中的湿地景观满足生态功能的基础上,更有其深刻艺术内涵和文化意蕴。

---

① 　吴家骅著,叶南译,《景观形态学》,北京:中国建筑工业出版社,1999,p178

4 城市公共空间湿地景观文化意蕴

The Cultural Implication of Wetland Landscape in Urban Public Space

众所周知,景观的研究范畴很广泛,人与大地上存在的一切,以及人类活动的印痕都是景观的研究范围。因此我们在试图探索任何一种景观的本质的时候,有必要首先回到对景观的美学原则以及最根本的文化问题的思考上。同时,湿地景观不仅仅是单纯的自然生态现象,它存在于一定的社会背景之中,也是文化发展的产物。尽管对于湿地景观的体验是人们对于自然美的直接感悟,但这种感悟还受到特定的地域、社会、文化、和其他人文因素的深刻影响。什么是湿地之美? 是什么创造了这美丽的图景? 人们是如何感受和欣赏湿地之美的? 这就涉及湿地景观背后的美学原则以及文化理念。

4.1 城市公共空间湿地景观之美

吴家骅著的《景观形态学》中提到 "对美的研究是从感受到理解和从分析到更深层的感受的双向过程,是从感受到推理的过程"[1]。首先,人们对体验环境所产生的美感是由感官直觉直接获得的,是由对不同环境因素的感受而自然形成的。不同的功能、空间、形式、色彩、材料质感等因素,均使人产生不同的审美行为。

湿地景观被定义为典型的优美环境,它强烈地反映了人对自然原生态的渴望,从而产生美感。而湿地中的自然之美并非是抽象的纯粹形式,它是可以被感知的客观存在。中国古人探索自然美的办法,是通过对自然仔细的观察和深刻的感悟、冥想而找寻其必然性,并置身于自然之中,追寻感情的寄托。天地之间的自然万物是生生不息、瞬息万变的,这就蕴

---

① 吴家骅著, 叶南译, 《景观形态学》, 北京: 中国建筑工业出版社, 1999

涵了美的本质。

4.1.1 湿地之生境美

城市湿地景观在很大程度上是对城市生态控制过程的一个组成部分。湿地景观中的水质净化是湿地的主要功能,是其与其他的景观形式不同的特点。而就湿地景观的审美而言,生态仍然是审美的重要方面。潺潺流动的溪水孕育了灵性的生境,给城市带来了生命的希望、迷人的气息。这正是美的本质。任何景观如果不符合生态的原则,甚至给环境和人类的生存带来危害,表面的形态美无论如何都不能给人带来真正的美感。事实上,湿地景观无论从净水功能、经济收获还是精神审美方面来讲,都是最适合人类和其他生物生存的环境,它所独有的生态美带给人们物质与精神上的双重享受。

4.1.1.1 水之灵动

水,在造园设景中历来是重要的美学因素。"水者,天地之血也,血贵周流,而不凝滞。"[1] 水是湿地中一切生命存在的根源,是湿地的命脉所在。江村湖泽,荷塘菱沼,都离不开水的滋养。水体的丰富变化给人带来丰富的视觉和心理感受。英国园艺家肯·奥斯莱特(Ken Aslet)在《水景园》中写道:"在那里有不同色彩和香味的植物,还有瀑布、溪流的声响。池中及沿岸配置由各种水生植物、沼泽植物和耐湿的乔灌木,……"[2]。

如果说水景园中的描述还停留在视觉审美的层面,那么湿地中的水则有更多的审美内涵。在城市湿地景观中,因水而成湿地之景观,因湿地而成水质之清洁。城市公共空间湿地景观中水的审美表现也同样丰富多彩。水岸造型曲折,水体高低落差变化丰富。叠水、落水、流水、静水、喷水等各种水形态的组合,以及水、光、云、气、雾、雨等各种水状态的变化,共同形成了美丽的自然湿地水景观。湿地水景观给人们带来大自然的气息和生机,充分发挥了水的各种形态美,可产生活泼宜人的湿地景观特色(图69)。

反观现代城市中的水景建设,水泥砌筑的河道、僵直单调的河岸,既不生态又没有美感。由于缺乏良好的水循环系统,河道水质逐渐变黑变

① 郭熙,《林泉高致》
② 柳骅,夏宜平,《水生植物造景》,中国园林,2003年第3期,p59

臭。每年的清淤工程和维持水质工程常常耗费大量的人力、物力和财力（图70、图71）。而运用景观生态学的原理，在城市中河道坡岸的结构处理上采用自由驳岸的形式，根据起伏层次进行艺术设计则是另外一番景象。水生植物的艺术配置与自然形态坡岸的绿化种植相结合，形成陆地与河流之间独具特色的湿地景观。河水与水生生物群落形成良性生态循环，既保持了水质、提高了周边的环境质量，又给人们带来良好的艺术审美享受。

图69　湿地之水是灵气之源

图70　元大都公园的小月河散发出难闻的气味

图71　一边是自然湿地生境，一边是砌筑僵硬的水利工程

4.1.1.2 石之顽拙

在中国古典园林中，石历来是重要的艺术元素。陈从周在《说园》中道"石清得阴柔之妙，石顽得阳刚之健，浑朴之石，其状在拙"[①]。不同的石形、石质、石纹、石理，反映出石的不同性格。南方园林的个园中有用不同形状的石头来表现的春、夏、秋、冬四种山景。北宋画家、山水画理论家郭熙在《山水训》写道："真山之烟岚，四时不同。春山淡冶而如笑，夏山苍翠而如滴，秋山明净而如妆，冬山惨淡而如睡。"山石在这里表现出了丰富的情感，给人以不同的审美感受。

湿地景观中的石同样具有重要的审美价值。作为水岸，石的形态影响了水的形态。"石固有刚柔美丑之别，而水亦有奔放婉转之致，是皆因石而起变化"[②]。水流的奔放、宛转等形态，都是因为石的形态不同而成。不同的水流造型取决于石的形状、高差和材质结构的变化。水因石成势，石因水灵动。没有石的衬托，就没有水的形态。没有水的映照，就没有石的活力。而水生植物的形态与石相配，更能形成一种自然之美。苏东坡的《七言散句》中"斓斑碎石养菖蒲，一勺清泉半石盂"即形象地描绘出湿地植物与碎石相配而形成的诗意景观效果（图72）。

同时，在功能上，石还可以为游者提供歇息的地方，比在湿地中设置座椅更加经济、艺术，自然而不显得突兀。

① 陈从周，《说园》，济南：山东画报出版社，同济大学出版社，2002，p110
② 陈从周，《说园》，济南：山东画报出版社，同济大学出版社，2002，p110

图72　卵石与湿地植物和水体搭配出诗意景观

4.1.1.3　水生植物之挺秀

我国很早就认识到水生植物的美。《诗经》"彼泽之陂,有蒲有荷。"是最早的有关水生植物荷花与蒲莒的描述记载[1]。《史记·孝武本纪》《三辅黄图》记载:汉武帝太初元年(公元前104年)修建章宫,凿"太液池",植莲、菱等水生植物[2]。可见当时水生植物就已经以其各种功能和优美的形态,被广泛应用于人工水景园中。

湿地景观中带有野外情趣的水生植物,能给人带来清新、朴拙的审美感受。与温室里培养的华丽花朵相比,野生植物更有一种令人敬佩的精神力量。用唐代诗人沈佺期的话说:"一草一木栖神明"[3]。野草与人一样,也有生命的尊严和灵性,"在每一片叶子上都见到了生命和存在的最深秘密……在每一片叶子上都有着一种超乎所有贪欲的、卑下的人类情感"[4]。这种野外植物之美与那种细腻文雅的温室花朵不同,是一种天然的、粗犷的、自由的美(图73)。

---

① 柳骅,夏宜平,《水生植物造景》,中国园林,2003年第3期,p59
② 柳骅,夏宜平《水生植物造景》,中国园林,2003年第3期,p59
③ 朱良志,《中国艺术论十讲——曲院风荷》,合肥:安徽教育出版社,2003,p254
④ 朱良志·中国艺术论十讲——曲院风荷·合肥:安徽教育出版社,2003,p150

图73 带有野外情趣的水生植物。

在现代城市公共空间的人工湿地景观营造中,水生植物也成为富有
自然情趣景观的重要艺术构成因素。湿地水生植物的各种形态、色彩、种
类的选择和群体配置是体现美感的重要方式。水生植物的栽植布局力求
自然、优雅,呈自然形态造景。配合丰富错落的空间,在池中和水畔种植
不同种类、不同形态和色彩的水生植物,如芦苇、香蒲、慈姑、荇菜、浮萍、
槐叶萍,水底种植些眼子菜、黑藻、苦草等,形态各异、色彩斑斓,丰富多
彩,相互衬托,高低错落、浑然天成,则此水景定能野趣横生。水生植物景
致具有一种独特的自然韵味。水中倒影波光粼粼,青翠荷叶上露珠翻滚,
给人以清新、心旷神怡的审美感受。充分发挥水生植物的姿态韵律、线条、
色彩等自然美,力求再现自然水景是湿地景观植物审美的重点(图74)。

图74 元大都湿地公园的水生植物

同时，人们不仅只看到湿地水生植物具有不同于其他花草的观赏价值，还充分认识到了水生植物吸收水体中的营养成分，对富营养化水体起到净化作用的生态功能，并利用这一特点，净化、恢复工业和生活污水的水质，改善城市水环境。各种类型的湿地植物搭配栽植不仅可以形成丰富多彩的视觉景观，还可以在去污功能上相互补充，分别分解污水中的不同污染成分，充分发挥湿地的净化效果。在选择时注意应利用和恢复原有自然湿地生态系统的植物种类，选择耐污、抗逆、净化能力强的乡土植物作为人工湿地的种植植物，尽量避免引进外来植物，以免造成成活率低或破坏本地生态平衡的不良后果。

4.1.1.4 鱼禽之逍遥

根据《世说新语·言语》记载，东帝简文帝入华林园"觉鸟兽禽鱼，自来亲人。"这种观念的改变可以看作是美学史上的转变，古人对于野生动物的态度已经从征服、狩猎转变到了欣赏、亲和[1]。艺术家李日华的诗句"江波摇我影，山翠落我裾。终日少头坐，无钩亦意鱼。"[2]形象地描述了人与鱼同乐的景象。湿地是多种动植物的滋生地，湿地丰富的物质资源给动物物种提供了充足的生存物质基础，形成完整的生态循环系统。碧波荡漾，鱼鸟成群的自然美景，是湿地生态良性循环的标志（图75）。鱼禽的逍遥自在，给湿地环境增添了乐趣和活力，也引起人们对生命本源的思索。

图75　鱼群在湿地生境中悠游

---

①　金学智，《园林美学》，江苏文艺出版社，1990，p24
②　朱良志，《中国艺术论十讲——曲院风荷》，合肥：安徽教育出版社，2003.

北京元大都城垣遗址公园中的湿地公园名称叫作"龙泽鱼跃",就反映出湿地景观中,水生动物所占的重要地位。该湿地中的鱼和野鸭,成为附近居民关注的对象。人们纷纷表现出对水生动物的关爱和欣赏(图76、图77)。水生动物作为大自然中的一员,与人类一样具有生命的尊严和自由。他们的健康生存在给都市带来乐趣、增添生机的同时,也表明了野生动物在城市中的归宿并不仅仅是动物园,他们在城市广阔的公共空间中也有自由生活的权利。流水淙淙,绿草猗猗,鱼禽嬉戏,湿地景观保持了与外界完全不同的自由世界。

图76 在湿地中觅食、嬉戏的野鸭

图77 人与湿地物种的和谐共处

4.1.1.5 声音之婉转

苏东坡的"微雨止还作,小窗幽更研。空庭不受日,草木自苍然。"中体现出自然之声带给人心灵的润泽。声音,让整个环境景观活了起来。

湿地景观的自然之声也丰富多彩。湿地中的水声是贯穿始终的,水的不同运动方式形成不同的声响效果,有的是潺潺细流,有的是激荡瀑布。我们可以根据湿地污水的处理过程中,水的不同运动方式,形成各异的声响效果。湿地中的水通过尽量蜿蜒曲折、起伏跌宕地的形式来增加氧气含量,提高净化工艺要求。在满足功能要求的同时,在审美形态和不同的音响营造方面也有了更精彩的表现。

此外,鸟语、蛙叫、风啸、虫鸣都是湿地景观中的天籁之音,形成一首和谐的湿地奏鸣曲,让整个空间活了起来。"信动观以赏月,赖静观以小休,兰香竹影,鸟语桨声,而一抹夕阳斜照窗棂,香、影、光、声相交织,静中见动,动中寓静"[①]。风声、水声、鸟语、花香……无形之景,有形之景,交响成曲,让人心情得到陶冶,给人以无限延伸的想象空间,是湿地景观的灵魂所在。

城市公共空间的湿地景观中也可以人为的配以轻音乐的伴奏,烘托湿地自然景观,给人带来轻松的享受。音乐应以艳而不俗、淡而有味为上品。湿地景观中婉转的自然之音,给城市空间带来了清新、生动的自然气息。

4.1.1.6 季相之轮回

郭熙有诗道:"春山烟云连绵,人欣欣;夏山嘉木繁阴,人坦坦;秋山明净摇落,人肃肃;冬山昏霾翳塞,人寂寂。"[②]形象地描写了风景季节的变化与人的心情的关系。自然世界一切物体都处于生命节律的变化之中。风景不是静止的画面,而是与四季轮回和人的情绪变化密切相关。同一个景观空间,一年四季风光不同,处于不同时间中的环境,则给人以不同的理解和感受。春意盎然的日子和秋雨蒙蒙的季节,人的情绪是迥然不同的,空间在时间的变化中得到了体验。

湿地景观作为大自然的象征更是形象地体现了这一点。它不像其他艺术作品可以摆在那里不动,它有着自然界的枯荣长灭,随着自然界的律

---

① 陈从周,《说园》,济南:山东画报出版社,同济大学出版社,2002,p61
② 朱良志,《中国艺术论十讲——曲院风荷》,合肥:安徽教育出版社,2003,p256

动而时刻变化着。一片土地、一块顽石、一簇野草,都蕴涵了自然的生长规律。自然生境随着时间的变化而变化。"万物静观皆自得,四时佳景与人同"[①],四季不同的形态和色彩产生的不同风景,能给人带来不同的审美感受。人的心灵和外在对象具有一种节奏变化的对应关系,被一起置于这样的流转中(图78、图79)。湿地景观作为城市中人与自然之间沟通的桥梁,那些流水、深林、游鱼、繁花等在不同季节具有不同的形态变化。春丽、夏荫、秋爽、冬雪,正是这样一种反映着自然的无常变化,和世间万物相辅相成的天、地、人之间的逻辑关系,指导着湿地景观的设计。湿地景观中若无水、无云、无影、无声、无朝晖、无夕阳,没有四季的变化,生命的轮回,就无法形成天趣,无法与人的心灵产生共鸣。分析湿地之季相,春天的温润、夏天的繁盛、秋天的高远、冬天的严凝,湿地景观中所有的艺术形式都不只是功能的反映,还是人们理解和体会自然、理解精神的方式。

　　湿地并非在春夏秋三季才有姿色,冬季的湿地另有一番天地。大雪飘飞,白雪皑皑,人在这样的氛围中,容易忘记尘世的烦躁,产生一种超越的感觉,将心灵洗涤了一番,获得深深的心灵安宁。雪还常常被上升到一种哲学的思考。禅宗喜欢雪的意象,是空,是无,是不加装饰的本色净界。雪给人带来性灵的怡然和悠远飘逸的感受。冰封的水面下,却是另一个世界。水底的植物轻轻随水流摇曳,偶尔有出来觅食的鱼虾出没在水草中。透过冰层看到的生命在这白雪茫茫的冬天分外让人惊喜和感动。而到了冰融的季节,野鸭们不会放过这个饱餐一顿的好机会,不畏严寒纷纷在水中觅食(图80、图81)。

图78　元大都湿地公园的夏天

[①]　陈从周,《说园》,济南:山东画报出版社,同济大学出版社,2002,p106

图 79　元大都湿地公园的冬天

图 80　冬天的湿地公园别有一番天地

图 81　不畏严寒在水中觅食的野鸭

湿地景观的四季、昼夜、风雨、阴晴变化,使自然、动植物与人、城市相融合,湿地景观同城市,和城市中的人一起在生长,在体验生命的过程。

4.1.2 湿地之意境美

东晋最伟大的画家顾恺之有一次说"手挥五弦易,目送归鸿难。"用来谈人物画的特点[1],说明神态的描绘比形态要难得多。一个优秀的画家不能只停留在形态的描摹上,而需升华到神的境界,以神统形。即便是以客观景物为表现对象的风景画,也不只是对自然风景的简单描摹。它是通过对风景的画面表现,来传达作者的观念和情感。王国维在《人间词话》中写道:"境非独景物也,喜怒哀乐亦人心中之一境界,故能写真景物、真感情者,谓之有境界,否则谓之无境界"。由此我们可以看出,意境作为一个更加抽象的美学概念,背后蕴涵了丰富的心理学和哲学意味。所以美感不能简单地归结为人的视觉、触觉、嗅觉、味觉等感官的认同,还涉及经验、情感和思想境界。感受美的过程是从环境中汲取感情,完成从知觉到意境的飞跃。

我们再来看郭熙对客观环境与人的心情的描写:"春山烟云连绵,人欣欣;夏山嘉木繁阴,人坦坦;秋山明净摇落,人肃肃;冬山昏霾翳塞,人寂寂。"这足以证明,在中国人的思想文化意识中,不同的自然山水有自身不同的性情,是关乎人的心灵境界的。在湿地景观设计过程中,神韵天然正是设计师竭力要表现的意境美。湿地景观设计的目的不是仅仅为了简单的栽花种草、堆山凿池,恢复自然生态。湿地景观之美不仅仅是体会其视觉上的形式美感,而更应有越来越意味深长的意义。好的湿地景观设计常常能构成独特的、引人神往的意境,使观者产生美好的联想。一些微妙的环境细节,如鸟语、花香、流水或落泉的声音等等,对人们的心理所产生的暗示作用,使得狭小的城市空间获得了无限的延伸。游者运用心灵的智慧与情感,通过湿地风景从欣赏植物景观形态美到意境美,体现出个人对待生命的态度,包含了对世界和人生的深刻理解,从而提升到对生命更高境界的追求。

---

[1]　吴家骅 著,叶南 译,《景观形态学》,北京:中国建筑工业出版社,1999,p1

4.2 城市公共空间湿地景观的文化理念

事实上,美是无法用明确的尺度来衡量的。麦克哈格曾指出,美是建立在人与自然环境长期交往中而产生的复杂多样的反应。"美"不只是对于视觉感受的表面描述,它还与人的情感、经验、喜好等各种因素相关。人类对事物的感知不可避免地要受到过去的经历、教育、文化传统等记忆和理性的影响。因此,景观是一个复杂的文化问题,而不是简单的绿化和外部空间美化的形式问题。"设计并不是提供一个仅仅用来观看的东西;美感对于设计师来说还意味着责任"①。湿地景观的核心问题是能否提高生活质量,如清洁的水源、新鲜的空气等,这些因素会影响到居民的健康和生活环境质量,以至整个地区的经济前景。

湿地景观的艺术设计不仅仅是生态和艺术性的问题,它还有着更为深刻的文化内涵。缺少文化的环境是枯燥无味的。城市空间中的湿地景观应具有时代特色和文化内涵,折射出所处时代的精神面貌,体现特定城市在一定地域、一定历史时期的文化传统积淀,以及人们的希望和感受。

4.2.1 功能满足

陈从周《说园》中写道"且人游其间,功能各取所需,绝不能从幻想代替真实,故造园脱离功能,固无佳构;……"②。可见,任何设计行为所依据的思想都来源于人类的需要。对人的关怀和考虑,成为景观设计的核心。没有实用功能,再美的视觉效果也不能算是好的设计。湿地景观的水生植物种类繁多,它们的功能不只是处理污水和供人欣赏。《周书》记载:"鱼龙成则数泽竭,数泽竭则莲藕掘"。可知 3000 年前太湖周围的先民就以藕为食物了。除了食用,水生植物还具有各种农业经济价值。可入药,茎秆可用做造纸、编织的原料等等③。

而就现代城市湿地景观设计本身来讲,很大程度上也是与人的使用功能有关联的。从根本上来说,湿地景观艺术仍然是一个物质化的空间,人们产生的愉悦感无法与功利彻底分开。污水得到净化后的喜悦、收获果实

---

① 吴家骅著,叶南译,《景观形态学》,北京:中国建筑工业出版社,1999,p15
② 陈从周,《说园》,济南:山东画报出版社,同济大学出版社,2002,p112
③ 柳骅,夏宜平,《水生植物造景》,中国园林,2003 年第 3 期,p60

后的满足,人游其间呼吸自然气息后的神怡……人们从湿地景观中得到的最实际的利益,是产生愉悦感和美感的根源。徒有外表没有实际功用的话,湿地景观无法成为好的景观。设计师真正关心的是如何将人的利益与需要同自然美的本质结合起来,弥合理想与现实生活之间的鸿沟。湿地景观这种将农业、副业与净水功能和审美的愉悦感相结合的思路,使美与实用紧密地结合在一起,给景观设计学带来了崭新而深刻的美学意义。

在我国的城市公共空间环境中采用的植物,基本是以实用价值不大的观赏植物为主,甚至不惜成本从国外移植难以成活的奇花异草,来提高城市环境的品位,而认为产出果实的本地植物难登大雅之堂。这样的做法,不但大大增加了维护的费用,而且除了满足了人们的视觉好奇之外,最终并没有给人们带来更多的生态收益。现代城市文明带来的环境问题使人们意识到"改善土地环境质量而不把过多的精力放在一个休闲花园上"[1]的重要性。应该意识到,闲适的生活更需要物质的支持,人们应当学会欣赏"一块玉米地"[2]那样的美景。景观审美与实际收益相结合,才是景观设计的本质。城市湿地自然美景带来的愉悦感与实际利益相结合,达到了功能和美学上的统一,使湿地环境的使用者能够从尽可能多的方面获得满意的体验。

另外,虽然湿地的设计可以非常原始、自然而富有趣味,但没有适合人居住和活动的设施,同样也是无法给人带来美感的。湿地景观作为城市公共空间中居民的日常活动场所,成为现实生活的一部分。因此,在设计时考虑到人的活动方式,设置完善的功能设施,以便所有来这里的人都能享受到自然的乐趣,是非常重要的一个环节。同时这些功能设施也成为景观设计中的艺术元素,丰富了空间的层次和关系。可以说,保护城市环境以及满足人们的各种使用功能,是湿地景观能够在现代城市中存在的基础。

4.2.2　生命景观

老子在《道德经》中说"人法地,地法天,天法道,道法自然"。道法自然的观念就是我们对待生命和外部世界所应持有的态度。只有接近自然,观察、学习和欣赏自然,才能理解生命的真正价值和意义。而在城市公共空间中建设湿地景观,运用人工技术模拟自然湿地系统的原理,创造可持

---

① 吴家骅著,叶南译,《景观形态学》,北京:中国建筑工业出版社,1999,p215
② 英国景观学派的约瑟夫·爱迪生(Joseph Addison)提出了将农业与园艺相结合的思想,"玉米地也可以产生出迷人的景色。"将耕作、种植与愉悦感相结合的思路使景观设计有了崭新而深刻的美学意义,使美与实用紧密地结合在一起。

续的生态环境,正是"道法自然"在现实生活中的真实显现。

从湿地系统本身来看,在某种意义上可以说,湿地景观就是一种生命景观。对湿地环境景观的实质认识首先应该是生存优先权。生命需要空间、空气、水和食物。各种生命体在这里得到了滋养,水也在这里得到了复活。青草、绿水、鸟语、花香,清风、明月、夕阳、雨露……这些都是生命的精灵,表现出生命的跃动(图82)。不管我们拥有如何崇高的美学理想,也必须服从生态环境的要求,创造一个可持续的景观。对有着强烈的自然观念的中国人来说,很容易接受湿地自然野生环境,让自然的魅力渗透到人与建筑的环境之中。"欣赏一种既尊重自然又体现适度的人类自知的美"[1],使人感受到超越世俗的真情,享受自然的精神愉悦。

图82 孕育着丰富的自然物种的湿地生境

而从游览者的角度来看,湿地景观仍然可以称得上是一种生命景观。这种可持续的景观不仅在物质上代表了生命的延续,在精神上,也体现出个人对待生命的态度和更高层次的理解。倪云林作诗道:"荷叶田田柳弄荫,孤蒲短短径台深。鸢飞鱼跃皆天趣,静里游观一赏心。"[2]在一片湿地景观中漫步,荷香四溢,野趣横生,苔痕遍布的小径,随风摇曳的野草,不加修饰的木架……湿地中那些质朴、简陋的事物总能够产生惊人的美感、无尽的联想和丰富的情绪。人也神清气爽,融入生境之中。行云流水、鸟飞花落,在溪流畔倾听,在泉石中驻足,在晨雾中发现生命的真谛,感

---

① 吴家骅著,叶南译,《景观形态学》,北京:中国建筑工业出版社,1999,p273
② 朱良志,《中国艺术论十讲——曲院风荷》,合肥:安徽教育出版社,2003,p217

受人与这个世界的通体和谐,人们可以获得心理上的宁静,找到失落的自我,回到自己本然的生命中。

湿地景观作为一种生命的体现,将人与境融合在一起,开启心灵的源泉,安顿人们的灵魂,寄托人们的性情,借此来抚慰生命、表现生命。透过湿地,一湾清水,几片落叶,也成就了性灵的超脱,荡漾着一种怡然的生命情调,领略到了艺术的最高境界。

4.2.3 本土意识

"橘生淮南则为橘,生于淮北则为枳,叶徒相似,其实味不同,所以然者何?水土异也。"中国古代橘化为枳的故事,说明不顾客观情况盲目移植,就会变了形,走了样,失去了原来的味道。只有根据实际条件生长出来的东西才是有价值的。这种观念足以说明地域特点的重要性。虽然世界各地的景观都会包含水域、地形、植被、建筑物等相似的设计元素,但由不同的设计师在不同的环境中设计出的作品却大不相同。就算在同一个国家,因地理位置、气候和历史人文条件等的不同,也会产生出风格迥异的景观形象。最明显的例子是中国的传统园林设计。南方和北方的传统园林风格有很大差距:"北国园林以翠松朱廊衬托以蓝天白云,以有色胜。江南园林,小阁临水,粉墙黛瓦,得万千形象之变化。"[①]

城市湿地景观艺术也同样具有强烈的本土精神,它的污水治理功能虽然相似,但表达意义却因场所和时间的不同而发生变化。因此,城市湿地景观是在一定的文化和自然环境中成长和发展起来的。湿地景观具备一个重要的特质,它可以如实地反映周围的环境。一些当地的空间特征、当地动植物种类、当地材料、技术和工艺、典型的建筑和构造风格的运用,形成了湿地景观的具体风格和特质个性,使其体现出可识别性和独特的身份定位,给当地人们带来亲切感和归属感。无论湿地景观采用何种表达方式,它必然是在实现功能的基础上,为特定区域和特定人群的设计。它必然是某个具体场所的意象表达。不同的地理位置、气候条件、历史文脉、社会现状以及人们的心理反应等因素会对湿地景观艺术产生决定性的影响。

城市公共空间湿地景观艺术作为一个城市的形象,是一种对本土环境的观察和细心研究,一种对民族意识的表达,一种对故土的热爱,一种对当地经济和社会生活反映。本土意识是湿地景观设计的文化价值所在,不同的文化特征在这些景观艺术中占有极其特殊的地位,平静的景观艺术形象背后蕴涵的是高度的情感张力和场所意识。

---

① 陈从周,《说园》,济南:山东画报出版社,同济大学出版社,2002,p43

4.2.4 情感归宿

人类的情感是艺术产生的根源,也使生活空间有了灵性。东晋陶渊明的诗中说"采菊东篱下,悠然见南山"。在这里,自然生态环境成为诗人情感的寄托,使其具有了人格特点。返朴归真的思想给设计师追求情感之境提供了具体的途径。诸葛亮在《诫子书》中说:"非淡泊无以明志,非宁静无以致远"。可见,情感只有脱离世俗生活的喧嚣,回归自然,在宁静淡泊的自然环境中才能实现。

作为一处陶冶情操、松弛精神的场所,湿地景观艺术包含了那些看起来自然纯净的形式,缓解了城市的压力,为生活提供了另一种环境,成为城市建设中的一个情感节点空间。对原始自然事物的向往,寄情山水,在山水与自身之间寻找内在的精神联系,是获得生命的愉悦与慰藉的途径。湿地景观,使人们理想中的居住环境以某种真实的形态存在于现实之中,并成为情感的归宿。

个人感受和文化特征成为湿地景观加强场所归宿感的关键。人一生的经历中,都有很多值得怀念的情感。儿时玩耍的小树林、校园中蜿蜒的小路,原先熟悉的环境中一草一木都饱含着昔日的记忆。眼前的景观事物,如水的流动、草的摇曳、几块刻有图案的石头等等都会引起人们细微的心理反应,触景生情,联想起个人过去的经历或者一些历史事物,寻找失去的记忆。这就增强了湿地景观的场所感。一个人性化了的空间,是带有强烈的情感色彩的空间,饱含了记忆、想象、体验和价值等因素,是一个具有丰富意义的日常生活场所(图83)。

图83　湿地景观中模拟古代的提水装置给人们讲述着当地的历史

5 城市公共空间湿地景观的营造原则

Construction Principles of Wetland Landscape in Urban Public Space

湿地景观艺术是现代城市生态功能和人文艺术创造的结合,是在各种综合因素影响下对当前城市问题的解决手段和艺术审美方式,在城市建设中有重要的现实意义。城市中的人工湿地景观在恢复水质清洁的同时,可通过水生作物和水产养殖等方式增加收入,又可调控局部气候,美化城市环境,形成良性的生态循环系统。可以说,城市人工湿地系统的建设,是城市环境与自然生境形成和谐共生、永续发展的理想手段。人工湿地景观由于具有操作简单、维护和运行费用低廉、生态与艺术效果良好等特点,具有极其广阔的应用前景。然而在现代城市化的特殊背景条件下营造人工湿地景观,需要综合考虑各种因素,遵循独特的设计营造原则。

5.1 严格遵守湿地营造规范

建设城市公共空间中的人工湿地景观,必然牵扯到自然湿地、城市公共空间、城市景观三个方面的内容。这三个方面均有相应的规划与建设规范。因此若想在城市环境中营建合乎自然保护和城市建设标准的人工湿地景观,需严格遵循国家和地方各部门对自然环境、城市湿地、景观环境建筑等方面的行政法规。

在遵守《关于特别是作为水禽栖息地的国际重要湿地公约》国际政策的基础上,我国根据国情及各地湿地的情况制定出了一系列自然湿地保护政策。2017年12月,国家林业局修改完善《湿地保护管理规定》(LY/T 1754-2008),其中第十一条规定"县级以上人民政府林业主管部门可以采取湿地自然保护区、湿地公园、湿地保护小区等方式保护湿地,健全湿地保护管理机构和管理制度,完善湿地保护体系,加强湿地保护。"以保护湿地生态系统为核心,突出湿地自然原生态的属性的同时,兼顾展

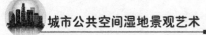

示、科教、科研、生态旅游,进行特殊保护与管理。2017 年,住房建设部在原《城市湿地公园规划设计导则(试行)》(建城 [2005]97 号)的基础上制定颁发了《城市湿地公园设计导则》(建办城 [2017]63 号),将湿地景观结合城市特点和市民需求,在保护的基础上营建休闲、游憩、文教娱乐场地。同时,城市公共空间的功能及艺术属性也要求,在城市环境中建设湿地景观需按照《城市绿地设计规范》、《公园设计规范》等相关国家标准,结合水处理生态工艺,从总体设计、地形、铺装、植物、构筑物及设施方面均注意满足功能性与艺术性需求。

5.2 选址造景因地制宜

在城市空间环境中选址进行湿地景观营造,需首先对该区域进行充分的调查分析。既要考虑区域内的土壤、水文、植被特点是否适合人工湿地的建设,也要考虑周边的用地属性、交通设施以及当地文化等社会环境是否与湿地生境协调。综合考虑这些问题和矛盾,为湿地生境提供一个合适的生存环境,就需要策划者在选址的时候考虑全面,避免对城市人工湿地生境的"先天影响"。比如既要考虑到湿地景观所处位置具有较好的交通可达性,又要避免交通对湿地生物群落的干扰;既要发挥湿地对城市废水处理的功能,又要避免城市废弃物对湿地环境的过度污染,影响野生生物群落的健康和安全。同时,人群的活动方式、道路噪音、周围高层建筑的反光等因素都要考虑到,对区域内的这些元素进行评估和调整,减少其对湿地生态整体生境的影响。

因此,城市公共空间中的湿地景观营建,最好选择在以原有湿地为基础的环境中。水文、土壤和植被等方面具有良好的基础,已经形成了较为成熟、稳定的生物群落。然而这种优良的天然湿地环境在日渐硬质化的城市空间中并不多见。如果缺乏这种便利的自然条件,城市人工湿地项目也应选在具有相对较好的、具有湿地建设条件的环境中。比如选址在便于得到水资源的地方,结合河道、绿地等要素,塑造湿地景观,营建城市中的生态节点。另外,由于污水净化的过程需要地形高低变化,以增加水体的含氧量。因此城市湿地景观应尽量选择有地形高差变化的公共空间。如果缺乏较好的高差条件,也可人为的创造地形高程变化,在满足水体净化需求的同时,打造出高低错落的空间效果。

应该特别注意的是,城市湿地景观的营造需"坚决杜绝在环境条件不适宜的情况下通过大面积开挖等人为干预措施"[①]的途径来实现。

5.3 优先发展湿地生态效益

"城市湿地公园设计应遵循尊重自然、顺应自然、生态优先的基本原则。"[②]在城市空间中营造湿地景观,不仅仅是为了给城市环境增加大自然般的风景,为市民提供郊野般的意境,更重要的是通过模拟湿地生态系统,完成对废水净化、防洪蓄水、调温降噪等生态使命,改善城市生态环境。而这些生态效益只有在城市湿地本身健康运行的情况下才能实现。因此,城市人工湿地景观的营建首先应该遵循生态学的原则,不违背自然规律,营建良好的湿地生态群落,并在维持其稳定、健康运转的情况下,改善、调节城市生态环境,利用湿地生态规律调节城市季节水量、净化城市废水、改善城市空气质量、减小冬夏温差。

在人工湿地景观的整体规划方面来讲,功能分区应以满足生态效益为目的,根据水处理工艺的要求,将水处理单元占据城市湿地景观的主体地位。同时,作为城市空间景观节点,人的参与不可避免。因此,整体规划需处理好城市居民生活与湿地生态保护的关系,根据不同人群的活动特点,划分高度干扰区域、中度、低干扰区域[③]。湿地景观在不可避免地接纳人群活动的客观情况下,尽可能将湿地核心生态区域布置在远离交通繁忙、建筑和社会服务设施密集的地方,允许特定人员如学习、研究者安静地深入湿地核心区域进行近距离观察。这种规划方式将生态效益,而不是大众参与,作为城市湿地景观整体规划首要考虑的因素,从而避免大量城市人口对脆弱的湿地生境的干扰和威胁。

5.4 保护本土湿地物种多样性

过去的城市广场景观设计往往以引进奇花异草为荣,以展示经济实

---

① 住房城乡建设部,《城市湿地公园设计导则》,2017,P4
② 住房城乡建设部,《城市湿地公园设计导则》,2017,P3
③ 世界自然基金会香港分会,《湿地教育中心实务手册—计划、设计与经营管理最佳范例》简体中文版,2014,p38

力,塑造异域风情,吸引大众视线。然而,外来物种对本地生物群落的物种多样性和生态稳定性往往造成严重威胁。联合国环境规划署于1992年颁发的《生物多样性公约》中就提到了"防止引进威胁生态系统、栖息地和物种的外来物种"[1]。我国国家林业局《湿地保护管理规定》第十八条第六项也明确规定"禁止引进外来物种"[2]。一方面,对于比较脆弱的湿地生态环境,外来生物物种会破坏本地湿地生物多样性。而在人工湿地系统中,生物的种类和数量越多,其生态系统就越稳定,自动调节能力就越强。相反,生物的种类和数量越少,自动调节能力就越差,从而导致本地湿地系统失衡。另一方面,湿地植物在净化污水过程中起到重要作用。盲目追求景观效果而采用外来植物种类的话,因其对本地的气候、土壤、水质适应性差,难以养护,使得湿地净水功能变差,对城市环境的生态调节效率降低。而本地植物易于形成稳定的植物群落,使得废水净化及其他生态功能能够长期稳定运行。

同时,不同区域的物种具有明显的地域特征,保护本地生物种类,避免采用外来物种,也是保护地域生物多样性和独特性的关键。根据联合国环境规划署的提议,每年的5月22日被指定为生物多样性保护和可持续利用的国际主题纪念日"生物多样性日"。2019年我国的生物多样性活动日主题为"保护本土物种,建设生态中国"。可见,对于本土物种的保护是丰富世界生物多样性的关键。作为在城市中重塑湿地生境的人工湿地技术,有责任根据当地自然环境特点,"结合不同的湿地类型与现状条件,包括野生生物资源、动物生活习性及潜在动物栖息地等的情况"[3]营造丰富多样的野生动植物栖息场所。

5.5　完善湿地城市服务功能

随着城市人口的不断增加,城市用地极为紧张。交通网络繁杂,建筑物密度高。建筑之间的空地往往是市民进行群体活动的主要场地。尽管以自然生境为主体的湿地生态景观是水体和生物群落的领地,然而其位置所在决定了城市湿地景观必然要为市民的社会活动提供足够的场地。因此,在满足城市湿地生态功能的基础上,尽可能多的提供活动场地和完

---

① 联合国环境规划署,《生物多样性公约》,1992
② 国家林业局,《湿地保护管理规定》,2017
③ 住房城乡建设部,《城市湿地公园设计导则》,2017,P9

善的基础设施,满足人的休闲、娱乐、游憩、文化教育等功能,是城市湿地景观的重要设计环节。比如在湿地生态环境中规划出供市民健身、舞蹈、摄影、美术写生,以及其他与湿地生境相关的社会活动和节假日活动的场地。湿地管理部门还可提供深入湿地核心的交通设施,如栈桥、独木舟等,创造访客与湿地的近距离观察和接触的机会。

然而需要注意的是,针对不同类型的市民社会活动特点,城市中的湿地景观应规划出具有不同功能的多种区域。而核心湿地生态区域与人群密集的活动区域应保持适当距离,避免大量游客对敏感的湿地环境与动植物的过度参与和干扰。比如儿童活泼易动,游戏场所噪音大,对湿地生境中的动物植物易造成破坏和干扰。这样的活动区域就应与湿地核心区域保持一定距离,甚至建立隔离带和缓冲区,以保证湿地生态功能的正常运行。只有那些安静探索湿地的访客在不干扰生物群落的情况下可以深入湿地。

5.6 构建湿地景观艺术空间

人工湿地与自然湿地的区别在于,人工湿地是根据生态学原理,通过人工技术模拟自然生境,再现湿地景观。这个过程往往不可避免地带有人文审美因素。然而事实上,目前我国的人工湿地多应用在城市废水处理场地,被归类为公用设施排水用地,而并未结合城市空间环境的需求上升到景观艺术的层面。而将人工湿地按照城市公园的标准建设,将会使其在改善城市生态的同时美化城市,为市民提供优美、安静的休闲、游憩和文教娱乐场所。在营建过程中,强调艺术形式美规律的应用,对于提高湿地景观舒适性和观赏性,塑造湿地自然空间的人文艺术气息,将城市湿地系统由简陋的排水设施基础层面提升到寓生态、休闲、文教娱乐为一体的城市公园艺术景观层面具有重要意义。

在形式美规律的指导下,人工湿地系统在整体空间规划、形式、色彩、材质等方面将蕴含丰富的文化寓意和艺术感受。比如植物是湿地水净化过程中的关键要素,也是视觉美的重要部分。除根据废水的特点来选择种植不同的植被种类外,还要根据植物色彩、形态及季节性规律进行艺术配置。另外,作为占据大面积视野的水体也是艺术塑造的对象。比如结合水处理工艺设计跌水、叠水、喷涌、喷雾等各种水体形态。多变的空间层次、舒适的比例尺度、丰富协调的色彩,以及在材质、植物配置、小品设

施等方面的艺术形式美感在拥挤的城市空间塑造出一方静谧、自然而不乏抽象、现代的山水意境画。

值得注意的是,过于图形化、图案化、机械化和现代化的设计方式,会让湿地系统失去自然美,因过于城市化而失去自然的真实感,失去与市民的亲和力。同时,这些机械化的设计方案最终会影响生态功能的运行,甚至威胁到湿地中动植物的生命安全。比如,与直线化、图形化的硬质湿地驳岸相比,自然驳岸更利于动植物生存,满足水流的净化工艺需求。再比如,过高的镜面建筑,光滑的现代景观材质,不仅无法给鸟类提供停歇、休憩的场所,还会因镜面反光等原因导致飞鸟误撞人工构筑物。另外,停车场、道路和其他基础设施的设计也需尽量避免城市化痕迹,而是将这些功能巧妙的融入自然环境中,塑造高低起伏、步移景异的城市自然风貌。

5.7　整合湿地环境设施与小品

不同于自然湿地景观,城市湿地环境每天要迎接众多访客,因此,在保证生态功能正常运行的基础上尽可能地满足人们的各种需求,也是城市湿地景观需要考虑的问题。功能全面的景观构筑物、设施、小品不仅能充分满足游客需求,提高湿地空间功能品质,同时自身所具有的良好艺术效果也会提高湿地空间的艺术品质。相反,如果服务设施不周全,会降低访客的满意度,更容易导致访客的不规范行为,从而给湿地生态环境造成极大的负担,威胁湿地生态的正常运行。然而在设计过程中,应注意与湿地生境的协调、统一。环境设施如建筑、栈道、亭、台、座椅、灯具、雕塑艺术小品应采用何种形态、色彩、材质?会提升湿地生境的人文艺术意蕴还是会干扰其视觉效果?运用整合原则,可以解决问题。

一方面,生态主题的整合。为减少建筑等设施对湿地生态的干扰,采用生态材料、可再生能源、节能、低碳、节水、回收、零耗能的方式,更易与湿地生境整合,成为生态环境的一部分。另一方面,设施形态生态化、材质、色彩生态化,与自然有机融合为一体。而不是破坏环境视觉效果。比如在摄影中出现简陋、出格的指示牌、垃圾箱,影响心情。与湿地生境完美结合的象征性建筑小品、景观设施。

此外,除了形态与生态的整合外,将设施尽量集中起来规划设计,而不是分散在湿地生态各个地方,也是整合的一个方面。只有这样才能避免人群尽量少的干扰、破坏湿地生境。比如将社会服务设施集中在建筑内及周围,而不是分散在各处。这样有助于保持湿地水处理系统的完整性和独立性。

5.8 体现地域文化特征

事实上,自古以来,湿地的发展离不开人类的足迹。人类文明的发展正是建立在湿地环境丰富的物质资源之上的。围绕湿地展开的人类文化生活也具有明显的地域特色。在城市人工湿地景观营造的过程中,注重对地域文化的体现,将历史文化、民俗风情符号融入湿地环境艺术营造的过程中,将会强化城市湿地景观特有的人文艺术氛围,是提高城市文化底蕴,促进旅游经济发展的有效途径。在设计过程中,应注意湿地景观元素在形态造型和色彩方面,尽量考虑地方文化符号的运用;在材质选择上尽量采用本地生态材料;在规划上提供举办与湿地文化相关的地方特色活动的场所,以带动游客的参与度,提高对地方文化的了解。另外,环境设计不仅需在整体及局部细节上注意地方性、艺术性、时代感和适用性,还应该注意与湿地生境的整体和谐性,不应使这些文化活动成为妨碍湿地生态功能正常运行的障碍。

5.9 注重湿地监护和评估

一个成功的城市人工湿地景观应能够有效地改善城市环境,为大众提供高质量的自然生态体验。然而,水处理的任何环节出现问题,都会直接导致水质恶化,影响整个景观空间的质量。建立检测和评估方案,了解景观环境是否达到了预期效果是景观营造过程中应该同步考虑的因素。缺乏及时的检测和评估质量保证机制,盲目建设和运行,将带来不可控的局面。同时,水质安全监测、动植物养护等工作需要专业人员,如水质研究人员、野生动物管理员、园艺师等。

另外,除了内部系统检测和自我评估以外,聘请专家和顾问进行外部评估,积极参与国家在湿地景观方面的评级制度,以及通过网站或其他形式收集游客反馈信息等方法,也是提供城市湿地景观环境质量的必要途径。

5.10　加强日常运营管理

　　考虑到湿地生态环境的敏感性和脆弱性,加强日常运营管理,对于城市湿地景观环境的正常运行十分必要。针对湿地景观空间的各类元素特点和运行方式,管理部门需制定相应的管理策略,如环境管理、水面管理、植物管理、动物管理等。

　　同时,对于游人行为的管理,也是关系到湿地景观正常运营的因素。国家林业局修改《湿地保护管理规定》第四条禁止"倾倒有毒有害物质、废弃物、垃圾;"第五条禁止"破坏野生动物栖息地和迁徙通道、鱼类洄游通道,滥采滥捕野生动植物;"第七条禁止"擅自放牧、捕捞、取土、取水、排污、放生;"针对访客的游览行为,除平时的科普宣传教育之外,制定游客行为管理制度,明确奖罚规则,也是杜绝对湿地生态系统造成破坏的不良参观行为的有效方法。

　　城市湿地景观也需兼顾人与野生动植物的平等权益,通过设置不同的功能分区,对不同环境区域进行分别管理,以协调人与生物物种的关系,解决参与、体验、干涉与保护的矛盾。"公园应依据基址属性、特征和管理需要科学合理分区,至少包括生态保育区、生态缓冲区及综合服务与管理区。……分区应考虑生物栖息地和湿地相关的人文单元的完整性。"[1]管理部门需根据访客类型引导其以不同的方式参与湿地的综合服务区、生态缓冲区域。而湿地保育区内则不得进行任何与湿地生态系统保护和管理无关的活动,禁止游人及车辆进入其中,最大可能的减少生态保育区内人为的负面影响和干预。更重要的是,为防止访客对湿地生态的干扰,应引导、培养他们的生态保护意识和在日常生活中的可持续观念和行为。

---

① 　住房城乡建设部,《城市湿地公园设计导则》,2017,P5

6 城市公共空间湿地景观实例分析

A Case Study of Wetland Landscape in Urban Public Space

　　湿地景观具有无可比拟的自然审美意蕴。身在都市的人们渴望的自然情结在湿地景观中得到了满足。到目前为止,人工湿地技术理论日臻成熟,而湿地景观在现代城市建设过程中的生态价值和美学意义,也已经得到了充分的认识。湿地景观在城市建设中所特有的文化内涵和经济效益也表明了其良好的发展前景。拯救环境,净化水源,建设美好的城市生态环境是每个城市决策者和规划建设者所应该具备的最基本生态观念。众多成功的实施案例已经开始展示他们的生态成果,居住在那里的人们已经充分体验到了湿地景观带给他们的诗意生活。

6.1　成都活水公园生态湿地景观

　　府南河整治工程中的活水公园可以说是我国城市公共空间人工湿地景观设计的一个完整而又生动的例子(图 84)。原先的府南河被岸边的印染、造纸、化工、丝织行业的工厂废水污染严重,水质逐年下降,对周边的环境产生不良影响。通过人工湿地技术建成的府南河岸活水公园,把河道中的污水引入湿地生态系统进行逐级处理,变为清水还原回河道。成都活水公园是"人工湿地系统处理污水新工艺的以水为主题的环境科学公园"[①]。它集生态保护与园林审美于一体,蕴涵了丰富的生态、艺术和文化意义。活水公园中庞大的湿地水处理工程模拟和再现了自然环境中污水由浑变清的全过程,展示了人工湿地系统处理污水的精湛工艺,被誉为"中国环境教育的典范"。该设计获得了包括 1998 年联合国人居奖在内的多个国际奖项。

---

① 黄石达, 王安庆, 钱骏等,《从成都活水公园看人工湿地系统处理工艺》, 四川环境, 2000.19(2): 8-12

图84　成都活水公园形似一条美丽的鱼。

　　成都市府南河整治工程中的活水公园,坐落于市中心的府南河畔,占地 24000 多平方米,由美国艺术家、"水的保护"组织的创始人贝特西·达蒙(Betsy Damon)女士提出,并组织了水利、城建、环保、园林等专家和艺术家共同设计建造。活水公园采用人工湿地塘技术,让在府南河中抽取出的污水流经人工湿地的各个环节,慢慢自清净化,最后成为清澈的可用水,流回府南河。水净化系统由一系列溪流、池塘组成,贯穿全园。十几个配置有多种水生植物的池塘是人工湿地塘床生态系统,这是活水园水处理工程的核心,也是整个公园的景观焦点。湿地塘中的水生植物种类繁多,其中漂浮植物有浮萍、紫萍、凤眼莲等;挺水植物有芦苇、水烛、茭白、伞草等;浮叶植物有荷花、睡莲;沉水植物有金鱼藻、黑藻等几十种。每天有约 200 立方的水从河中抽出,依次流经湿地景观中的厌氧池、流水雕塑、兼氧池、植物塘、植物床、养鱼塘等水净化系统,污水在这里经沉淀、吸附、氧化还原、微生物分解等作用,在流动的过程中发生质的变化,达到清洁的效果。公园在利用湿地中水生植物及其基质的自然净化能力净化污水的过程中,也促进了植物的生长,增加了绿化面积,扩大了野生动物的栖息地,有利于城市良性生态环境的建设。此外,对系统中的植物、动物、微生物及水质变化设有几十个监测采样管,便于采样分析,为保护湿地生态及物种多样性的研究提供了实验场地。

　　活水公园的艺术设计与生态技术充分结合,在高效净化水质的基础上形成良好的视觉效果。公园的形状是鱼形,象征人、水与自然的依存关系(图85)。游人从鱼嘴而入,走向鱼尾,一路体验到"死水"复活的过程。两架水车将府南河水泵入全园最高处的鱼眼蓄水池,水从厌氧处理池流入水流雕塑,跳跃的水流完成曝气的功能后,进入鱼鳞状的人工湿地系统,水中的芦苇、菖蒲、凤眼莲、浮萍等植物错落有致,生机勃勃。初次净化的水流向多个鱼塘,为鱼群提供必要的食物。这里也是检验水质的区域。当水流到鱼尾时,已经变为达标的可用水,重新流回府南河中。当人们沿着游览路线走过厌氧池、兼氧池、植物塘床系统、养鱼塘、戏水池时,刚好完整地阅读了大自然关于清水再生的"自述"。这样的过程以形象、生动的形式被完整、清晰地保留在游者的记忆中。同时,这种污水净化过程以艺术审美的形式显现在人们的视线之中。奔腾的水流、优美的雕塑、自然生态河堤、清澈的溪泉等自然风景和几十种水生植物、观赏鱼类巧妙融合在一起,激起了游者审美的情趣(图86、图87)。

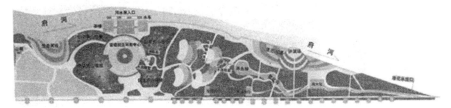

图85　活水公园平面图

图86　自然生态与人文艺术的完美结合创造出令人愉悦的活动场所

公园里的植物营造了良好的生境变成了野生动物的天堂,成功引来了城市里罕见的各类湿地水禽,与自然生长的各种鱼类和两栖动物等湿地生物种类构成了良好的自然生态系统。人们穿行在水面和植物丛中,走进大自然,融入大自然,欣赏水景、参与水景,充分体验大自然的清纯、美妙,尽情呼吸湿地空气的新鲜、甜美,惬意地享受大自然给城市带来的惠泽。成都活水公园的营建,成功地满足了人们寻找自然、走近自然、融入自然的需求,为人们提供了充分体验大自然的美妙与神奇的场所。

图87　水的复活过程给人带来无尽的乐趣和教益

6.2　北京元大都城垣遗址人工湿地景观

元大都城垣遗址公园中的"龙泽鱼跃"湿地景区,是整治北京护城河污水工程中的一个重要组成部分。该湿地景区对人工护城河—小月河的污水进行净化的同时,滋养了各种水生和湿生动植物种类,构成了良好的自然生境。湿地结合遗址公园内的人文艺术景观,为生活在都市中的居民提供了一处理想的户外生态休闲场所。

元大都城垣遗址公园朝阳段位于北京中轴路的东西两侧及奥林匹克公园南侧,是目前市区内最大的集历史遗迹保护、市民休闲、改善生态环境于一体的大型带状城市公园,也是奥运公园的南大门。小月河横穿而过,将遗址公园分为南北两个部分,南岸为土城遗址保护景区,北岸则为绿化景点建设区。南北两岸均设有市民文化休闲区域。小月河作为公园内的主体水景区,建有亲水观景平台等各类景观设施。园内沿小月河修建了五个木质游船码头和六座形态各异的跨河小桥连接两岸风景。然而由于小月河过多地运用了混凝土等硬质材料砌筑河道和水岸,破坏了湿生、水生植物群落所需的自然生长环境,导致水体中的污染物无法被充分的分解吸收,从而导致水体富营养化严重,蚊蝇滋生、气味难闻(图88)。周边人们的生活质量受到了严重的影响。原本想借水景吸引客人的元大都酒吧街也陷入了尴尬境地。为了恢复小月河的生态环境和水体质量,再现水净风清、游船往来的景象,对河道污水的治理是一项十分紧迫的工作。

图88 小月河大面积的硬质砌筑破坏了水域的生态平衡

根据公园管理处的工作人员介绍,小月河的污水治理采用了阿科蔓泛氧化塘型高效水生态技术,是从纯自然生态的角度出发,以原有河道为处理设施,对河道内污水就地处理,并结合"流场扰动"的方法,在河道内布置循环射流泵,推动河道水体形成循环流动,使阿科蔓生态基充分地与水中的溶解性有机物接触,从而达到更好的生态处理效果。河道下游的人工湿地,将小月河污水引入湿地系统进行逐级净化,逐渐恢复为可用水,重新流回河道。

"龙泽鱼跃"湿地景区就位于公园东端城铁与土城护城河斜交处的三角地带。具有郊外风光和自然野趣的人工湿地园面积达17000多平方米,由多个深浅不同的湿地塘组成。塘内种植有千屈菜、水葱、睡莲、菖蒲、马蔺、慈姑、芦苇等具有净化水体功能的水生植物。小月河的污水通过两台潜水泵抽入湿地的至高点,逐级流经各个湿地塘,利用各种湿地植物净化成为达标水重新流入小月河内(图89)。在污水处理的过程中,各类富营养元素被湿地生物分解、吸收的同时,生物自身也得到了滋养,从而获得生命的延续,营造了生机勃勃的自然生境,构成动态而完美的生态平衡。同时这片人工湿地园也改善了周边区域的生态环境,具有涵养水源、净化空气、增加空气中的负离子含量、减少公园外交通、商业、学校和生活区域喧闹的噪音等生态效益。

湿地景观的自然原生态之美与公园的历史遗迹保护、现代审美观念相结合,在生态的基础上提升了湿地公园的精神内涵。湿地景观在艺术设计上,处处体现出"虽由人作,宛自天开"的境界。园中道路由碎石和石板铺砌而成,水边木制的休息亭、横过水面的木桥、蜿蜒消失在湿地中的木制栈道,都野趣十足,走在湿地中的栈道上,或坐在古朴的亭子中,人也沉醉在浓浓的自然气息里。清浅的水面,随风摇曳的各种水生植物,几处自然的水潭小溪,鱼儿在水中悠游,青蛙、水鸟栖息于小岛及芦苇中,蜻蜓时落时飞,偶尔一只野鸭从草地上蹒跚而过,形成了十分优美和谐的自然生境(图90、图91)。沉浸在这片和谐的生境中,竟也忘记了身在现代化的北京城中,仿佛到了古老的土城郊外。繁忙的都市生活中拥有这样一片净土,对生活在这里的居民而言,不能不说是一个惊喜。这种强烈的土城内外环境对比效果,无形培养了人们的生态观念,深刻意识到具有良好生态效益的大自然才是人类健康生活的根本保障。

图89　经过湿地公园净化的水重新流入小月河中

图90　湿地园中的任何一个角落都孕育着生命的秘密

图 91 湿地塘给水生动物提供了舒适的生境

事实证明,运用人工湿地技术,遵循自然法则,通过修复水生物链,利用植被和微生物对污水有机物的降解作用,提高水体的自净能力,是有效的污水治理手段。同时,独特的人工湿地景观生态美学效果也为繁忙拥挤的城市生活增添了无限生机。元大都城垣遗址公园中的人工湿地公园景观,充分发挥了净化污水、美化城市景观、维持城市生物多样性、改善城市生态循环的作用。在保护历史遗迹的同时,为居民提供了一处特别的休闲场所,并达到了对游人进行城市自然生态保护的宣传教育目的。"落雨翠花随处有,绿茵啼鸟坐来闻",这是古人对元大都土城外自然风光的描述。如今,生活在喧嚣都市的居民们,也可以享受到如郊外的自然与清爽了。

6.3 德国哈特斯海姆市政厅广场人工湿地景观

德国哈特斯海姆(Hattersheim)市的市政厅广场改造,是湿地景观与城市公共空间结合的成功案例。哈特斯海姆市距离机场很近,并拥有各种高速公路和地方铁路等交通工具,是法兰克福南部比较繁荣的地区。但该市对本身的环境景观设计没有给予更多的关注。[1]80年代,哈特斯海

---

① 赫伯特·德莱塞特尔,迪特尔·劳格,卡尔·卢德维格(德)编辑,任静,赵黎明译,《德国生态水景设计》,沈阳:辽宁科学技术出版社,2003,p14

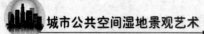

姆市意识到了生态环境和社区文化的重要性,开始将建设的精力集中在外部环境的改造和社区文化的发展方面。该市的市政厅广场改造,就是这样的一个改善城市整体环境、提高居民生活质量的作品。该广场在用湿地生态系统净化水质的同时,为居民提供了一处具有相当吸引力的户外活动景观空间,将此处变成了整个城镇的心脏(图92)。

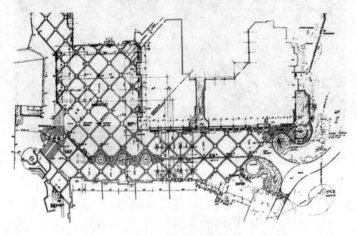

图92　哈特斯海姆市政厅广场平面图

在这个广场的设计中,随着水质净化的过程,流动的水体将市政厅生活广场与周边的公园和乡村联系起来,成为一个有机的整体。水是整个广场中的重要因素。广场的至高点是一系列潮状盆形的阶梯,这里是整个场所的心脏和水源。德国雕塑家、艺术家、景观设计师和城市规划设计师赫伯特·德莱塞特尔(Herbert Dreiseitl)在研究和测试了流水的运动规律之后,用花岗岩雕刻成这些艺术化的阶梯。水体从上面流过,形成生动活泼的流水小瀑布,翻腾着、跳跃着流下来,发出一种舒适而丰富的声音,在增加了水体中含氧量的同时,表现出了一种动人的姿态。整个水的流程形态设计变化多样、隐现自如,给人丰富的艺术感受。水从阶梯上流到广场的花岗岩路面,然后进入两块大约五米的方形铺地下面,随后重新出现在盆形的砖面路上。水在路面特制的蜿蜒曲折的水道中流动,途中几块圆石、几株小树,都给广场增加了几分自然界的生机和活力。人们也在水边摆了休闲的桌椅,享受这自然野趣带来的轻松、惬意(图93)。随后水流在步行区的尽头进入一个潮湿的生物群落——长着各种水生植物的水池里。在这里,污水中的富营养成分被植物和微生物分解、吸收,形成达标的可用水(图94、图95),然后通过一个开放的浅滩进入公园中的净水池中备用。

图93 广场上的亲水休闲空间

图94 水从广场流向自然公园

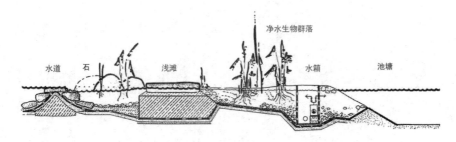

图95 水流经过湿地时的净化过程示意图

从市政厅广场到公园的路线,设计师演示了水质由"浊"变"清"、由"死"变"活"的生命过程,在丰富了户外活动空间的同时,增强了市民的

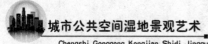
水资源保护观念。在这个景观设计作品中我们可以看到,湿地景观在居民的公共活动空间中带来了生态和艺术审美等多方面的良好效果。由此可见,自然生态系统和城市的现代化生活并不是不可调和的矛盾。相反,它们可以相互补充、和谐共生,从多个方面满足人们的物质和精神文化需求。事实证明,哈特斯海姆市政广场的人工湿地景观设计,充分发挥了人工湿地景观的生态与美学特点,达到净化废水与美化环境的双重作用。

7　结　语

Conclusion

　　湿地景观无论是在环境生态方面还是在艺术美学方面,对城市公共空间的可持续发展都有着重要意义。同时,湿地景观对社会、经济和文化等方面的可持续发展也有着较好的促进作用。因此在城市公共空间中营造人工湿地景观是城市可持续发展的重要内容,是建设生态景观城市环境、营造人类诗意栖居的理想途径。

7.1　建设生态景观城市

　　自古以来,中国特有的对自然的态度和思维方式,就形成了"逆城市"的城市建设方法。在处理人与自然的关系时把自然放在第一位,人放在第二位,崇尚自然山水、主张朴拙山石,水面自由、植被参差,即使人工改造模仿,也不露痕迹,宛若天成。而随着现代生产技术的发展,人们变成了自然的征服者,城市发展与保护自然成为两个不可调和的矛盾。然而残酷的现实告诉我们,城市离不开自然,人类离不开自然。人类并不是自然界的征服者。相反,我们的生存由"天"与"地"共同决定。重新建立起生态观念,恢复受到破坏的生存环境,把人类的命运同自然的命运紧密联系在一起,营造一个良性生态景观城市,是正确的城市发展思路。

　　在当前水城市生态环境破坏严重的状态下,如何恢复自然水体景观、改善水体质量,显得意义更为深远。这种具有投资低、出水水质好、增加绿地面积、改善城市环境的人工湿地技术景观系统,满足了自然生态良性发展的要求,满足了人类在使用功能和经济上的实用利益要求。人工湿地景观有利于促进良性生态城市环境的建设,在社会、生态、文化和经济效益发展方面具有显著成效。理想的城市公共空间湿地景观是,一方面在湿地中运用沉水植物、浮水植物和挺水植物等净水植物类型的组合来

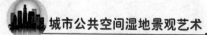

进行水体净化，形成富有生命力的自然生境；另一方面，还要从整个城市生态循环的改善来考虑，在控制工业与生活污染的基础上，利用湿地景观达到净化空气、减少灰尘、降低噪音、防止水土流失等生态效果，从而使整个生态系统在空间上形成完整连续的良性循环。同时，湿地景观是生长的艺术，是自然生态循环中的一个环节。我们应该以发展的眼光来规划它，以生长的观念来维护它。

城市的建设理应与生态环境相辅相成，共同发展。城市改善了人们的生活水平，而自然生态是保障人类生存的根本条件。建设生态化的城市空间，着眼于城市的可持续发展，这无论对于目前的周边环境改善还是长远的整个生态系统的完善，都非常必要。城市公共空间湿地景观的营造，为可持续的城市环境建设打下了基础。

7.2 营造艺术理想栖居

湿地系统是建立在自然生态良性循环的基础之上的。而作为一种人类文化现象，湿地景观又是社会、经济、文化和艺术的载体。自然湿地生态系统需要艺术化，才能得到人们充分的认识和欣赏。环境保护者针对水资源的污染，研究生态自净方法，很少考虑景观美学的要求，形态和色彩的应用都不讲究。而目前一些城市景观又一味强调美学要求，忽视了生态学方面的考虑，导致环境的污染、物种的减少，最终也损害了景观的美学价值。根据景观生态学的综合性原则，多学科交叉、整体设计，将会产生较好的效果。建立在良性生态基础上的艺术审美才是有价值的审美，才是真正意义上的艺术。

湿地景观作为城市形象的代表，在文化艺术方面就必须有独特的个性，应该成为该城市特有的地域风情和文化特征的反映。鉴于地理条件和历史发展的差异，每个国家、每个民族、每个城市、每个地区的景观风格都应是各有特色、不尽相同的。所以，在本民族文化特色的前提下，创造一种本土化的景观形式是环境景观艺术审美的基本要求。这是一个由学习、模仿到改革、创新的过程，在设计的过程中不顾现实状况，直接挪用传统园林的经验，或者模仿西方设计经验都是不值得提倡的。

同时，湿地景观的艺术性，是提升景观本身审美质量和城市整体艺术素质的重要因素。湿地景观除了自身的艺术性之外，还需要与城市整体环境的艺术性产生协调和交流。即使公共空间中的景观有了自身完善的生态和艺术审美,但周围设施粗糙、拥挤无序,没有与湿地景观艺术形成连续的、统一的效果,就会破坏整体景观的美感。这样一来,城市湿地景观本身的艺术韵味也会被干扰、削弱。

城市湿地景观是低投资、低能耗、高效率、高品质的生态系统,具有其他的污水处理技术和景观形式所无可比拟的良好生态环境效益。湿地治理工程技术已被越来越多的人所关注和重视,而建立在该技术之上的城市公共空间景观艺术,把自然和人文特点结合在一起,逐渐形成健康而艺术的城市特色景观。因此,随着对湿地生态系统研究的不断深入,城市公共空间中的湿地景观无论是在生态技术还是在艺术审美方面,都具有广阔的发展前景。

在现代城市建设中,由于生态学、环境伦理学和可持续发展观念的引入而带来的城市形象的变化正越来越明显。如何更有效的利用资源,恢复资源、重建资源,而不是肆意挥霍与忽视,是一个值得重视的问题。在这个意义上,城市湿地景观艺术设计,无论在生态技术还是在和谐的艺术生境美方面,都是值得进一步研究和推广的。在保护有限的自然湿地生态系统的同时,人为的、主动的营造湿地系统,是一个提高环境质量的积极、有效的方法。只有把自然与人放在同等重要的地位,城市才可能向良好的方向发展,人们才可能有一个更美好的未来。

图　录

图 1：珍贵的淡水资源是动植物生存的基本条件，图片引自 UNESCO，《The United Nations world water development report 2020：water and climate change》，p30

图 2：湿地是多种动植物的生存地，金萱摄影

图 3：亲近自然是人类的天性，金萱摄影

图 4：美丽的自然湿地生态系统，图片引自《园林构成要素—水体》

图 5：水体自净过程，图片引自《Wetland Ecology Principles and Conservation》，p17

图 6：湿地生态系统中的水生植物可以有效地分解、吸收污水中的有机污染物，图片引自《Wetland Ecology Principles and Conservation》，p19

图 7：湿地生态系统中生机勃勃的水生植物，图片引自《庭院水景园林设计》

图 8：自然湿地生态系统的污染和破坏，图片引自《水景公共艺术》

图 9：根据人工湿地技术建造的污水处理系统，图片引自《德国生态水景设计》

图 10：表面流湿地的构造原理，图片引自《Vertical Flow Constructed Wetlands：Eco-engineering Systems for Wastewater》

图 11：潜流湿地的构造原理图片引自《Vertical Flow Constructed Wetlands：Eco-engineering Systems for Wastewater》

图 12：立式流湿地的构造原理图片引自《Vertical Flow Constructed Wetlands：Eco-engineering Systems for Wastewater》

图 13：中国传统园林中的湿地水景观，图片引自《园林理水艺术》

图 14：北京颐和园中的湿地水景观，金萱摄影

图 15：城市人工湿地景观，生态功能与人文艺术完美结合，图片引自《庭院水景园林设计》

图 16：不同空间类型的形成，图片引自《室外环境艺术设计》

图 17：早期的外部环境，图片引自《外部空间环境设计》

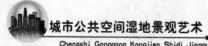

Water Gardens： How to Build， Plant & Maintain Ponds， Streams & Fountains》，p71

图 39：以曲线为主的道路形式产生空间的自由流动和连续感，金萱设计、绘制

图 40：丰富多变的湿地路面铺装，图片引自《the water garden》，p27

图 41：秦皇岛红丝带公园中道路与其他景观元素的组合设计，图片引自土人设计网 www.turenscape.com

图 42：秦皇岛红丝带公园道路夜景，图片引自土人设计网 www.turenscape.com

图 43：山东艺术学院长清校区梅园中的节点设计，金萱设计、绘制

图 44：水在滋养万物的过程中，也完成了自身的净化，图片引自《Water Garden Idea Book》，p98

图 45：静水与相互结合的设计手法，图片引自《Water Garden Idea Book》，p74

图 46：湿地植被具有鲜明的地域特征，图片引自《Water Garden Idea Book》，p96

图 47：不同类型的湿地植物组合，可以有效地净化水质，图片引自《Backyard Water Gardens： How to Build， Plant & Maintain Ponds， Streams & Fountains》

图 48：不同类型的水生植物具有不同的污水净化能力，图片引自《Constructed wetlands for wastewater treatment and wildlife habitat ： 17 case studies》，p88

图 49：湿地景观建筑在环境中起到点景、赏景和组织空间的作用，金萱设计、绘制

图 50：与水景紧密结合的景观构筑物，金萱设计、绘制

图 51：湿地景观中的艺术小品，图片引自《Water Garden Idea Book》，p1

图 52：质朴、自然的小桥与湿地环境十分协调，图片引自《Backyard Water Gardens： How to Build， Plant & Maintain Ponds， Streams & Fountains》，p77

图 53：自然形态的湿地景观艺术设计，图片引自《庭院水景园林设计》

图 54：几何形态的湿地景观艺术设计，图片引自土人设计网 www.turenscape.com

图 55：成都活水公园混合形态的湿地景观艺术设计，图片引自《艺术之水》

螺旋桨和井轴给人们讲述了历史,图片引自《德国生态水景设计》

附　录

附录 A.《关于特别是作为水禽栖息地的国际重要湿地公约》英文版

Convention on Wetlands of International Importance especially as Waterfowl Habitat

Ramsar, Iran, 2.2.1971
as amended by the Protocol of 3.12.1982
and the Amendments of 28.5.1987

Paris, 13 July 1994
Director, Office of International Standards and Legal Affairs
United Nations Educational, Scientific and Cultural Organization
（UNESCO）

The Contracting Parties,

RECOGNIZING the interdependence of Man and his environment;

CONSIDERING the fundamental ecological functions of wetlands as regulators of water regimes and as habitats supporting a characteristic flora and fauna, especially waterfowl;

BEING CONVINCED that wetlands constitute a resource of great economic, cultural, scientific, and recreational value, the loss of which would be irreparable;

DESIRING to stem the progressive encroachment on and loss of

wetlands now and in the future;

RECOGNIZING that waterfowl in their seasonal migrations may transcend frontiers and so should be regarded as an international resource;

BEING CONFIDENT that the conservation of wetlands and their flora and fauna can be ensured by combining far-sighted national policies with co-ordinated international action;

Have agreed as follows:

Article 1

1.For the purpose of this Convention wetlands are areas of marsh, fen, peatland or water, whether natural or artificial, permanent or temporary, with water that is static or flowing, fresh, brackish or salt, including areas of marine water the depth of which at low tide does not exceed six metres.

2.For the purpose of this Convention waterfowl are birds ecologically dependent on wetlands.

Article 2

1.Each Contracting Party shall designate suitable wetlands within its territory for inclusion in a List of Wetlands of International Importance, hereinafter referred to as "the List" which is maintained by the bureau established under Article 8. The boundaries of each wetland shall be precisely described and also delimited on a map and they may incorporate riparian and coastal zones adjacent to the wetlands, and islands or bodies of marine water deeper than six metres at low tide lying within the wetlands, especially where these have importance as waterfowl habitat.

2.Wetlands should be selected for the List on account of their international significance in terms of ecology, botany, zoology, limnology or hydrology. In the first instance wetlands of international importance to waterfowl at any season should be included.

3.The inclusion of a wetland in the List does not prejudice the exclusive sovereign rights of the Contracting Party in whose territory the wetland is situated.

4.Each Contracting Party shall designate at least one wetland to be included in the List when signing this Convention or when depositing its instrument of ratification or accession, as provided in Article 9.

5.Any Contracting Party shall have the right to add to the List further wetlands situated within its territory, to extend the boundaries of those wetlands already included by it in the List, or, because of its urgent national interests, to delete or restrict the boundaries of wetlands already included by it in the List and shall, at the earliest possible time, inform the organization or government responsible for the continuing bureau duties specified in Article 8 of any such changes.

6.Each Contracting Party shall consider its international responsibilities for the conservation, management and wise use of migratory stocks of waterfowl, both when designating entries for the List and when exercising its right to change entries in the List relating to wetlands within its territory.

Article 3

1.The Contracting Parties shall formulate and implement their planning so as to promote the conservation of the wetlands included in the List, and as far as possible the wise use of wetlands in their territory.

2.Each Contracting Party shall arrange to be informed at the earliest possible time if the ecological character of any wetland in its territory and included in the List has changed, is changing or is likely to change as the result of technological developments, pollution or other human interference. Information on such changes shall be passed without delay to the organization or government responsible for the continuing bureau duties specified in Article 8.

Article 4

1.Each Contracting Party shall promote the conservation of wetlands and waterfowl by establishing nature reserves on wetlands, whether they are included in the List or not, and provide adequately for their wardening.

2.Where a Contracting Party in its urgent national interest, deletes or restricts the boundaries of a wetland included in the List, it should as far as possible compensate for any loss of wetland resources, and in particular it should create additional nature reserves for waterfowl and for the protection, either in the same area or elsewhere, of an adequate portion of the original

habitat.

3.The Contracting Parties shall encourage research and the exchange of data and publications regarding wetlands and their flora and fauna.

4.The Contracting Parties shall endeavour through management to increase waterfowl populations on appropriate wetlands.

5.The Contracting Parties shall promote the training of personnel competent in the fields of wetland research, management and wardening.

Article 5

The Contracting Parties shall consult with each other about implementing obligations arising from the Convention especially in the case of a wetland extending over the territories of more than one Contracting Party or where a water system is shared by Contracting Parties. They shall at the same time endeavour to coordinate and support present and future policies and regulations concerning the conservation of wetlands and their flora and fauna.

Article 6

1.There shall be established a Conference of the Contracting Parties to review and promote the implementation of this Convention. The Bureau referred to in Article 8, paragraph 1, shall convene ordinary meetings of the Conference of the Contracting Parties at intervals of not more than three years, unless the Conference decides otherwise, and extraordinary meetings at the written requests of at least one third of the Contracting Parties. Each ordinary meeting of the Conference of the Contracting Parties shall determine the time and venue of the next ordinary meeting.

2.The Conference of the Contracting Parties shall be competent:

a) to discuss the implementation of this Convention;

b) to discuss additions to and changes in the List;

c) to consider information regarding changes in the ecological character of wetlands included in the List provided in accordance with paragraph 2 of Article 3;

d) to make general or specific recommendations to the Contracting Parties regarding the conservation, management and wise use of wetlands and their flora and fauna;

e) to request relevant international bodies to prepare reports and statistics on matters which are essentially international in character affecting wetlands;

f) to adopt other recommendations, or resolutions, to promote the functioning of this Convention.

3.The Contracting Parties shall ensure that those responsible at all levels for wetlands management shall be informed of, and take into consideration, recommendations of such Conferences concerning the conservation, management and wise use of wetlands and their flora and fauna.

4.The Conference of the Contracting Parties shall adopt rules of procedure for each of its meetings.

5.The Conference of the Contracting Parties shall establish and keep under review the financial regulations of this Convention. At each of its ordinary meetings, it shall adopt the budget for the next financial period by a two–third majority of Contracting Parties present and voting.

6.Each Contracting Party shall contribute to the budget according to a scale of contributions adopted by unanimity of the Contracting Parties present and voting at a meeting of the ordinary Conference of the Contracting Parties.

Article 7

1.The representatives of the Contracting Parties at such Conferences should include persons who are experts on wetlands or waterfowl by reason of knowledge and experience gained in scientific, administrative or other appropriate capacities.

2.Each of the Contracting Parties represented at a Conference shall have one vote, recommendations, resolutions and decisions being adopted by a simple majority of the Contracting Parties present and voting, unless otherwise provided for in this Convention.

Article 8

1.The International Union for Conservation of Nature and Natural Resources shall perform the continuing bureau duties under this Convention

until such time as another organization or government is appointed by a majority of two-thirds of all Contracting Parties.

2.The continuing bureau duties shall be, inter alia:

a) to assist in the convening and organizing of Conferences specified in Article 6;

b) to maintain the List of Wetlands of International Importance and to be informed by the Contracting Parties of any additions, extensions, deletions or restrictions concerning wetlands included in the List provided in accordance with paragraph 5 of Article 2;

c) to be informed by the Contracting Parties of any changes in the ecological character of wetlands included in the List provided in accordance with paragraph

2 of Article 3;

d) to forward notification of any alterations to the List, or changes in character of wetlands included therein, to all Contracting Parties and to arrange for these matters to be discussed at the next Conference;

e) to make known to the Contracting Party concerned, the recommendations of the Conferences in respect of such alterations to the List or of changes in the character of wetlands included therein.

Article 9

1.This Convention shall remain open for signature indefinitely.

2.Any member of the United Nations or of one of the Specialized Agencies or of the International Atomic Energy Agency or Party to the Statute of the International Court of Justice may become a Party to this Convention by:

a) signature without reservation as to ratification;

b) signature subject to ratification followed by ratification;

c) accession.

3.Ratification or accession shall be effected by the deposit of an instrument of ratification or accession with the Director-General of the United Nations Educational, Scientific and Cultural Organization (hereinafter referred to as "the Depositary").

Article 10

1.This Convention shall enter into force four months after seven States have become Parties to this Convention in accordance with paragraph 2 of Article 9.

2.Thereafter this Convention shall enter into force for each Contracting Party four months after the day of its signature without reservation as to ratification, or its deposit of an instrument of ratification or accession.

Article 10 bis

1.This Convention may be amended at a meeting of the Contracting Parties convened for that purpose in accordance with this article.

2.Proposals for amendment may be made by any Contracting Party.

3.The text of any proposed amendment and the reasons for it shall be communicated to the organization or government performing the continuing bureau duties under the Convention (hereinafter referred to as "the Bureau") and shall promptly be communicated by the Bureau to all Contracting Parties. Any comments on the text by the Contracting Parties shall be communicated to the Bureau within three months of the date on which the amendments were communicated to the Contracting Parties by the Bureau. The Bureau shall, immediately after the last day for submission of comments, communicate to the Contracting Parties all comments submitted by that day.

4.A meeting of Contracting Parties to consider an amendment communicated in accordance with paragraph 3 shall be convened by the Bureau upon the written request of one third of the Contracting Parties. The Bureau shall consult the Parties concerning the time and venue of the meeting.

5.Amendments shall be adopted by a two-thirds majority of the Contracting Parties present and voting.

6.An amendment adopted shall enter into force for the Contracting Parties which have accepted it on the first day of the fourth month following the date on which two thirds of the Contracting Parties have deposited an instrument of acceptance with the Depositary. For each Contracting Party which deposits an instrument of acceptance after the date on which two thirds

of the Contracting Parties have deposited an instrument of acceptance, the amendment shall enter into force on the first day of the fourth month following the date of the deposit of its instrument of acceptance.

Article 11

1.This Convention shall continue in force for an indefinite period.

2.Any Contracting Party may denounce this Convention after a period of five years from the date on which it entered into force for that party by giving written notice thereof to the Depositary. Denunciation shall take effect four months after the day on which notice thereof is received by the Depositary.

Article 12

1.The Depositary shall inform all States that have signed and acceded to this Convention as soon as possible of:

a) signatures to the Convention;

b) deposits of instruments of ratification of this Convention;

c) deposits of instruments of accession to this Convention;

d) the date of entry into force of this Convention;

e) notifications of denunciation of this Convention.

2.When this Convention has entered into force, the Depositary shall have it registered with the Secretariat of the United Nations in accordance with Article 102 of the Charter.

IN WITNESS WHEREOF, the undersigned, being duly authorized to that effect, have signed this Convention.

附录 B　《关于特别是作为水禽栖息地的国际重要湿地公约》中文翻译版

关于特别是作为水禽栖息地的国际重要湿地公约

关于特别是作为水禽栖息地的国际重要湿地公约（《湿地公约》文本）（1971 年 2 月 2 日订于拉姆萨尔，1982 年 12 月 3 日议定书修正，1987 年 5 月 28 修正案）

各缔约国，承认人类同其环境的相互依存关系；考虑到湿地的调节水分循环和维持湿地特有的支植物特别是水禽栖息地的基本生态功能；相信湿地为具有巨大经济、文化、科学及娱乐价值的资源，其损失将不可弥补；期望现在及将来阻止湿地的被逐步侵蚀及丧失；承认季节性迁徙中的水禽可能超越国界，因此应被视为国际性资源；确信远见卓识的国内政策与协调一致国际行动相结合能够确保对湿地及其动植物的保护；兹协议如下：

第一条

1.为本公约的目的，湿地系指不问其为天然或人工、长久或暂时之沼泽地、湿原、泥炭地或水域地带，带有或静止或流动，或为淡水、半咸水或咸水水体者，包括低潮时水深不超过 6m 的水域。

2.为本公约的目的，水禽系指生态学上依赖于湿地鸟类。

第二条

1.各缔约国应指定其领域内的适当湿地列入由依第八条所设管理局保管的国际重要湿地名录，下称"名录"。每一湿地的界线应精确记述并标记在地图上，并可包括邻接湿地的河湖沿岸、沿海区域以及湿地范围的岛域或低潮时水深不超过 6m 的水域，特别是当其具有水禽栖息地意义时。

2.选入名录的湿地应根据其在生态学上、植物学上、湖沼学上和水文学上的国际意义。首先应选入在所有季节对水禽具有国际重要性的湿地。

3.选入名册的湿地不妨碍湿地所在地缔约国的专属主权权利。

4.各缔约国按第九条规定签署本公约或交存批准书或加入书时，应至少指定一处湿地列入名录。

5.任何缔约国应有权将其境内的湿地增列入名录,扩大已列入名录的湿地的界线或由于紧急的国家利益将已列入名录的湿地撤销或缩小其范围,度应尽早将任何上述变更通知第八规定的负责执行局职责的有关组织或政府。

6.各缔约国在指定列入名录的湿地时或行使变更名录中与其领土内湿地有关的记录时,应考虑其对水禽迁徙种群的养护、管理和合理利用的国际责任。

第三条

1.缔约国应制定并实施其计划以促进已列入名录的湿地的养护并尽可能地促进其境内湿地的合理利用。

2.如其境内的及列入名录的任何湿地的生态特征由于技术发展、污染和其他类干扰而已经改变,正在改变或将可能改变,各缔约国应尽早相互通报。有关这些变化的情况,应不延迟地转告按第八条所规定的负责执行局职责的组织或政府。

第四条

1.缔约国应设置湿地自然保护区,无论该湿地是否已列入名录,以促进湿地和水禽的养护并应对其进行充分的监护。

2.缔约国因其紧急的国家利益需对已列入名录的湿地撤销或缩小其范围时,应尽可能地补偿湿地资源的任何丧失,特别是应为水禽及保护原栖息地适当部分而在同一地区或在其他地方设立另外的自然保护区。

3.缔约国应鼓励关于湿地及其动植物的研究及数据资料和出版物的交换。

4.缔约国应努力通过管理增加适当湿地上水禽数量。

5.缔约国应促进能胜任湿地研究、管理及监护人员的训练。

第五条

缔约国应就履行本公约的义务相互协商,特别是当一片湿地跨越一个以上缔约国领土或多个缔约国共处同一水系时。同时,他们应尽力协调和支持有关养护湿地及其动植物的现行和未来政策与规定。

第六条

1.缔约国应在必要时召集关于养护湿地和水禽的会议。

2.这种会议应是咨询性的并、除其他外有权:

A.讨论本公约的实施情况;

B.讨论名录之增加和变更事项;

C.审议关于依第三条第2款所规定的列入名录湿地生态学特征变化的情况;

D. 向缔约国提出关于显地及其动植物的养护、管理和合理利用的一般性或具体建议；

E. 要求有关国际机构就影响湿地、本质上属于国际性的事项编制报告和统计资料。

F. 通过其他建议或决议，以促进本公约。

3. 缔约国应确保对湿地管理负有责任的各级机构知晓并考虑上述会议关于湿地及其动植物的养护、管理和合理利用的建议。

4. 缔约方应通过每次会议推出相应会议章程。

5. 缔约方会议应建立并进行审查本公约的财务条例。在每次例会上，它应通过参加会议并投票的缔约方的三分之二通过下一财政期间的预算。

6. 每一缔约方应按出席会议并参加表决的缔约方一致通过的贡献比例分摊预算。

第七条

1. 缔约国出席这种会议的代表，应包括以其科学、行政或其他适当职务所获得知识和经验而成为湿地或水禽方面专家的人士。

2. 出席会议的每一缔约国均应有一票表决权，建议所投票数的简单多数通过，但须不少于半数的缔约国参加投票。

第八条

1. 保护自然和自然资源国际联盟应履行本公约执行局的职责，直到全体缔约国 2/3 多数委派其他组织或政府时止。

2. 执行局职责除其他外，应为：

A. 协助召集和组织第六项规定的会议；

B. 保管国际重要湿地名录并接受缔约国根据第二条第五款的规定对已列入名录的湿地增加、扩大、撤销或缩小的通知；

C. 接受缔约国根据第三条第二款规定对已列入名录的湿地的生态特征发生任何变化的通知；

D. 将名录的任何改变或名录内湿地特征的变化通知所有的缔约国，并安排这些事宜在下次会议上讨论；

E. 将会议关于名录变更或名录内湿地特征变化的建议告知各有关缔约国。

第九条

1. 本公约将无限期开放供签署。

2. 联合国或某一专门机构、国际原子能机构的任一成员国或国际法院的规约当事国均可以下述方式成为本公约的缔约方：

A. 签著无须批准；

B. 签著有待批准，随后再予批准；

C. 加入；

3. 批准或加入应以向联合国教育科学及文化组织的总干事（以下简称"保存机关"）交存批准或加入文书为生效。

第十条

1. 本公约应自七个国家根据第九条第 2 款成为本公约缔约国四个月后生效。

2. 此后，本公约应在其签署无须批准或交存批准书或加入书之日后四个月对各缔约国生效。

第十条之补充

1. 公约可按照本条在为此目的召开的缔约国会议上予以修正。

2. 修正建议可以由任何缔约国提出。

3. 所提修正案文及其理由应提交给履行执行局职责的组织或政府（以下称为执行局）并立即由执行局转送所有缔约国。缔约国对案文的任何评论应在执行局将修正案转交缔约国之日 3 个月内交给执行局。执行局应于提出交评论最后一日立即将至该日所提交的所有评论转交各缔约国。

4. 审议按照第 3 款所转交的修正案的缔约国会议应由执行局根据 1/3 缔约国的书面请求召集。执行局应就会议的时间和地点同缔约国协商。

5. 修正案以出席并参加投票缔约国 2/3 多数通过。

6. 通过的修正案应于 2/3 缔约国向保存机关交存接受书之日后第四个月第一天对接受的缔约国生效。对在 2/3 的缔约国交存接受书之后交存接受书的缔约国，修正案应于其交存接受书之日后第四个月第一天生效。

第十一条

1. 本公约将无限期有效。

2. 任何缔约国可以于公约对其生效之日起 5 年后以书面通知保存机关退出本公约。退出应于保存机关收到退出通知之日后 4 个月生效。

第十二条

1. 保存机关应尽快将以下事项通知签署和加入本公约的所有国家：

A. 公约的签署。

B. 公约批准书的交存；

C. 公约加入书的交存；

D. 公约的生效日期；

E. 退出公约的通知。

2. 一俟本公约开始生效,保存人应按照联合国宪章第一百零二条将本公约向联合国秘书处登记。

下列签字者经正式授权,谨签字于本公约,以资证明。

Chengshi Gonggong Kongjian Shidi Jingguan Yishu

城市公共空间湿地景观艺术

附录 C 《湿地保护管理规定》2017 版

湿地保护管理规定

（2013 年 3 月 28 日国家林业局令第 32 号公布

2017 年 12 月 5 日国家林业局令第 48 号修改）

第一条　为了加强湿地保护管理，履行《关于特别是作为水禽栖息地的国际重要湿地公约》（以下简称"国际湿地公约"），根据法律法规和有关规定，制定本规定。

第二条　本规定所称湿地，是指常年或者季节性积水地带、水域和低潮时水深不超过 6 米的海域，包括沼泽湿地、湖泊湿地、河流湿地、滨海湿地等自然湿地，以及重点保护野生动物栖息地或者重点保护野生植物原生地等人工湿地。

第三条　国家对湿地实行全面保护、科学修复、合理利用、持续发展的方针。

第四条　国家林业局负责全国湿地保护工作的组织、协调、指导和监督，并组织、协调有关国际湿地公约的履约工作。县级以上地方人民政府林业主管部门按照有关规定负责本行政区域内的湿地保护管理工作。

第五条　县级以上人民政府林业主管部门及有关湿地保护管理机构应当加强湿地保护宣传教育和培训，结合世界湿地日、世界野生动植物日、爱鸟周和保护野生动物宣传月等开展宣传教育活动，提高公众湿地保护意识。

县级以上人民政府林业主管部门应当组织开展湿地保护管理的科学研究，应用推广研究成果，提高湿地保护管理水平。

第六条　县级以上人民政府林业主管部门应当鼓励和支持公民、法人以及其他组织，以志愿服务、捐赠等形式参与湿地保护。

第七条　国家林业局会同国务院有关部门编制全国和区域性湿地保护规划，报国务院或者其授权的部门批准。

县级以上地方人民政府林业主管部门会同同级人民政府有关部门，按照有关规定编制本行政区域内的湿地保护规划，报同级人民政府或者其授权的部门批准。

第八条　湿地保护规划应当包括下列内容：

（一）湿地资源分布情况、类型及特点、水资源、野生生物资源状况；

（二）保护和合理利用的指导思想、原则、目标和任务；

（三）湿地生态保护重点建设项目与建设布局；

（四）投资估算和效益分析；

（五）保障措施。

第九条　经批准的湿地保护规划必须严格执行；未经原批准机关批准，不得调整或者修改。

第十条　国家林业局定期组织开展全国湿地资源调查、监测和评估，按照有关规定向社会公布相关情况。

湿地资源调查、监测、评估等技术规程，由国家林业局在征求有关部门和单位意见的基础上制定。

县级以上地方人民政府林业主管部门及有关湿地保护管理机构应当组织开展本行政区域内的湿地资源调查、监测和评估工作，按照有关规定向社会公布相关情况。

第十一条　县级以上人民政府林业主管部门可以采取湿地自然保护区、湿地公园、湿地保护小区等方式保护湿地，健全湿地保护管理机构和管理制度，完善湿地保护体系，加强湿地保护。

第十二条　湿地按照其生态区位、生态系统功能和生物多样性等重要程度，分为国家重要湿地、地方重要湿地和一般湿地。

第十三条　国家林业局会同国务院有关部门制定国家重要湿地认定标准和管理办法，明确相关管理规则和程序，发布国家重要湿地名录。

第十四条　省、自治区、直辖市人民政府林业主管部门应当在同级人民政府指导下，会同有关部门制定地方重要湿地和一般湿地认定标准和管理办法，发布地方重要湿地和一般湿地名录。

第十五条　符合国际湿地公约国际重要湿地标准的，可以申请指定为国际重要湿地。

申请指定国际重要湿地的，由国务院有关部门或者湿地所在地省、自治区、直辖市人民政府林业主管部门向国家林业局提出。国家林业局应当组织论证、审核，对符合国际重要湿地条件的，在征得湿地所在地省、自治区、直辖市人民政府和国务院有关部门同意后，报国际湿地公约秘书处核准列入《国际重要湿地名录》。

第十六条　国家林业局对国际重要湿地的保护管理工作进行指导和监督，定期对国际重要湿地的生态状况开展检查和评估，并向社会公布结果。

国际重要湿地所在地的县级以上地方人民政府林业主管部门应当会同同级人民政府有关部门对国际重要湿地保护管理状况进行检查,指导国际重要湿地保护管理机构维持国际重要湿地的生态特征。

第十七条 国际重要湿地保护 管理机构应当建立湿地生态预警机制,制定实施管理计划,开展动态监测,建立数据档案。

第十八条 因气候变化、自然灾害等造成国际重要湿地生态特征退化的,省、自治区、直辖市人民政府林业主管部门应当会同同级人民政府有关部门进行调查,指导国际重要湿地保护管理机构制定实施补救方案,并向同级人民政府和国家林业局报告。

因工程建设等造成国际重要湿地生态特征退化甚至消失的,省、自治区、直辖市人民政府林业主管部门应当会同同级人民政府有关部门督促、指导项目建设单位限期恢复,并向同级人民政府和国家林业局报告;对逾期不予恢复或者确实无法恢复的,由国家林业局会商所在地省、自治区、直辖市人民政府和国务院有关部门后,按照有关规定处理。

第十九条 具备 自然保护区建立条件的湿地,应当依法建立自然保护区。

自然保护区的建立和管理按照自然保护区管理的有关规定执行。

第二十条 以保护湿地生态系统、合理利用湿地资源、开展湿地宣传教育和科学研究为目的,并可供开展生态旅游等活动的湿地,可以设立湿地公园。

湿地公园分为国家湿地公园和地方湿地公园。

第二十一条 国家湿地公园实行晋升制。 符合下列条件的,可以申请晋升为国家湿地公园:

(一)湿地生态系统在全国或者区城范围内具有典型性,或者湿地区域生态地位重要,或者湿地主体生态功能具有典型示范性,或者湿地生物多样性丰富,或者集中分布有珍贵、濒危的野生生物物种;上,建立和更新湿地资源档案。

第二十八 条县级以上人民政府林业主管 部门应当对开展生态旅游等利用湿地资源的活动进行指导和监督。

第二十九 条除法律法规有特别规定的以外, 在湿地内禁止从事下列活动:

(一)开(围)垦、填埋或者排干湿地;

(二)永久性截断湿地水源;

(三)挖沙、采矿;

(四)倾倒有毒有害物质、废弃物、垃圾;

（五）破坏野生动物栖息地和迁徙通道、鱼类洄游通道,滥采滥捕野生动植物;

（六）引进外来物种;

（七）擅自放牧、捕捞、取土、取水、排污、放生;

（八）其他破坏湿地及其生态功能的活动。

第三十条　建设项目应当不占或者少占湿地,经批准确需征收、占用湿地并转为其他用途的,用地单位应当按照"先补后占、占补平衡"的原则,依法办理相关手续。

临时占用湿地的,期限不得超过 2 年;临时占用期限届满,占用单位应当对所占湿地限期进行生态修复。

第三十一条　县级以上地方人民政府林业主管部门应当会同同级人民政府有关部门,在同级人民政府的组织下建立湿地生态补水协调机制,保障湿地生态用水需求。

第三十二条　县级以上人民政府林业主管部门应当按照有关规定开展湿地防火工作,加强防火基础设施和队伍建设。

第三十三条　县级以上人民政府林业主管部门应当会同同级人民政府有关部门协调、组织、开展湿地有害生物防治工作;湿地保护管理机构应当按照有关规定承担湿地有害生物防治的具体工作。

第三十四　条县级以上人民政府林业主管部门应当会同同级人民政府有关部门开展湿地保护执法活动,对破坏湿地的违法行为依法予以处理。

第三十五条　本规定自 2013 年 5 月 1 日起施行。

报送:全国人大法律委员会、环境与资源保护委员会、农业与农村委员会,全国人大常委会法制工作委员会,最高人民法院,最高人民检察院,国务院办公厅,国务院法制办公室。

国家林业局办公室
2017 年 12 月 5 日印发

附录D 《城市湿地公园设计导则》2017版

城市湿地公园设计导则

1 总 则

1.1 为科学保护与合理利用城市湿地资源,规范城市湿地公园设计,指导公园有序建设和可持续发展,特制定本导则。

1.2 本导则适用于城市规划区范围内的城市湿地公园设计相关工作。

1.3 城市湿地公园设计应符合国家现行有关法律法规、标准规范的规定。

2 术 语

2.1 湿地 Wetland

天然或人工、长久或暂时性的沼泽地、泥炭地或水域地带,带有静止或流动的淡水、半咸水、咸水水体,包括低潮时水深不超过 6m 的水域。

2.2 城市湿地 Urban Wetland

符合以上湿地定义,且分布在城市规划区范围内的,属于城市生态系统组成部分的自然、半自然或人工水陆过渡生态系统。

2.3 栖息地 habitat

维持生物整个或部分生命周期中正常生命活动所依赖的各种环境资源的总和。它是野生动物集中分布、活动、觅食的场所,也是生态系统的重要组成部分。

2.4 城市湿地公园 Urban Wetland Park

在城市规划区范围内,以保护城市湿地资源为目的,兼具科普教育、科学研究、休闲游览等功能的公园绿地。

3 设计原则

3.1 生态优先

城市湿地公园设计应遵循尊重自然、顺应自然、生态优先的基本原则,围绕湿地资源全面保护与科学修复制定有针对性的公园设计方案,始终将湿地生态保护与修复作为公园的首要功能定位。

3.2 因地制宜

在尊重场地及其所在地域的自然、文化、经济等现状条件,尊重所有相关上位规划的基础上开展公园设计,保障设计切实可行,彰显特色。

3.3 协调发展

通过综合保护、系统设计等保障湿地与周边环境共生共荣;保持公园内不同区域及功能协调共存;实现科学保护、合理利用、良性发展。

4　总体设计

4.1 基本要求

4.1.1 作为城市绿地系统的重要组成部分与生态基础设施之一,公园应以湿地生态环境的保护与修复为首要任务,兼顾科教及游憩等综合功能。用地权属应无争议,无污染隐患。对可能存在污染的场地,应根据环境影响评估采取相应的污染处理和防范措施。对水质及土壤污染较为严重的湿地,需经治理达标后方能进行建设。

4.1.2 应落实城市总体规划和城市控制性详细规划等相关规划要求,满足城市湿地资源保护规划、海绵城市建设规划等专项规划要求,具备湿地生态功能与公园建设条件。公园规模与湿地面积指标要求如表4-1所示。

表4-1　公园规模与湿地所占比例

公园规模	小型	中型	大型
公园面积	≤ 50公顷	50~200公顷(不含)	≥ 200公顷
湿地所占比例	≥ 50%	≥ 50%	≥ 50%

4.1.3 依法严格控制水源保护区及其他生态环境敏感区内的相关建设。坚决杜绝在环境条件不适宜的情况下通过大面积开挖等人为干预措施,或以旅游开发为导向进行湿地公园建设。

4.1.4 综合考虑区域防洪及其他水利要求,在保障游人安全和湿地生态系统健康的前提下实现对区域水系的有效调节。

4.1.5 尽量避免向市政管网排水,保持自然水体径流过程,合理收集利用降水资源;雨洪管理相关设计应与竖向设计、水系设计、栖息地设计和游憩设施设计相协调。

4.1.6 根据详细的基址踏勘,研究制定具有针对性的湿地保护与修复措施。

4.1.7 依法保护特有的栖息地、古树名木与历史文化遗产,合理利用场地原有自然与文化资源,体现地域特色。

4.2 资源调查与分析评价

综合运用多学科研究方法,对场地的现状及历史进行全面调查。重点调查与基址相关的生态系统动态监测数据、水资源、土壤环境、生物栖

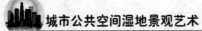

城市公共空间湿地景观艺术
Chengshi Gonggong Kongjian Shidi Jingguan Yishu

息地等。根据各地情况和不同湿地类型与功能,建立合理的评价体系,对现有资源类别、优势、保护价值、存在的矛盾与制约等进行综合分析评价,提出相应的设计对策与设计重点,形成调研报告及图纸。有条件的可建立湿地公园基础数据库。(内容详见表4-2)

表4-2　城市湿地公园资源调查与评价分析内容

分析评价类型	分析评价内容	备注
生态系统	湿地类型、功能特征、代表性、典型价值、敏感性、系统多样性、生态安全影响、生态承载力等。	重点分析基址生态本底所面临的干扰因素与程度,恢复可行性。生态环境敏感性、栖息地环境质量的分析与评价应作为指导公园设计的必要内容。
水资源与土壤环境	水文地质特点、水环境质量、水资源禀赋、降雨规律、水环境保护与内涝防治要求、土壤环境等。	须从区域到场地,尤其注意对小流域水系现状及湿地水环境的分析评价。
生物资源	植物种类、群落类型、典型群落、生境类型、主要动物及其栖息环境特点、生物多样性、生物通道、外来物种等。	注重对现有及潜在栖息地的分析。
景观资源	资源构成、资源等级、自然景观资源、人文资源等。	注意文化遗产的发掘与保护。
人工环境	用地适宜性、建设矛盾、周边居民分布、人为干扰状况、公众活动需求、交通状况、建构筑物、公共设施建设情况、现有基础设施、与湿地有关的人文、历史、民俗等非物质遗产等。	结合现状与上位规划进行分析。

注:湿地公园生态环境敏感性评价应在基址现状特征基础上,遵循评价因子的可计量、主导性、代表性和可操作性原则,尽可能反映研究区内自然景观资源与生态状况。常用因子包括植被类型、植被盖度、水体污染程度、土壤质量、不透水层比例、生物多样性指数等。可根据湿地类型和所在区域不同,增加相关影响因子,并研究确定各因子影响权重、敏感性等级和不同敏感度区域的具体分布和边界,以指导公园的生态保护与环境建设。

4.3 定位与目标

明确公园建设定位,设计目标,主要特色,需解决的重要问题,时间安排和项目拟投资规模,设计成果等。重点明确湿地公园的主要功能、栖息地类型及保护与修复目标等。

4.4 功能分区

公园应依据基址属性、特征和管理需要科学合理分区,至少包括生态保育区、生态缓冲区及综合服务与管理区。各地也可根据实际情况划分二级功能区。分区应考虑生物栖息地和湿地相关的人文单元的完整性。生态缓冲区及综合服务与管理区内的栖息地应根据需要划设合理的禁入区及外围缓冲范围。

4.4.1 生态保育区

对场地内具有特殊保护价值,需要保护和恢复的,或生态系统较为完整、生物多样性丰富、生态环境敏感性高的湿地区域及其他自然群落栖息地,应设置生态保育区。区内不得进行任何与湿地生态系统保护和管理无关的活动,禁止游人及车辆进入。应根据生态保育区生态环境状况,科学确定区域大小、边界形态、联通廊道、周边隔离防护措施等。

4.4.2 生态缓冲区

为保护生态保育区的自然生态过程,在其外围应设立一定的生态缓冲区。生态缓冲区内生态敏感性较低的区域,可合理开展以展示湿地生态功能、生物种类和自然景观为重点的科普教育活动。生态缓冲区的布局、大小与形态应根据生态保育区所保护的自然生物群落所需要的繁殖、觅食及其他活动的范围、植物群落的生态习性等综合确定。区内除园务管理车辆及紧急情况外禁止机动车通行。在不影响生态环境的情况下,可适当设立人行及自行车游线,必要的停留点及科普教育设施等。区内所有设施及建构筑物须与周边自然环境相协调。

4.4.3 综合服务与管理区

在场地生态敏感性相对较低的区域,设立满足与湿地相关的休闲、娱乐、游赏等服务功能,以及园务管理、科研服务等区域。可综合考虑公园与城市周边交通衔接,设置相应的出入口与交通设施,营造适宜的游憩活动场地。除园务管理、紧急情况和环保型接驳车辆外,禁止其他机动车通行。可适当安排人行、自行车、环保型水上交通等不同游线,并设立相应的服务设施及停留点。可安排不影响生态环境的科教设施、小型服务建筑、游憩场地等,并合理布置雨洪管理设施及其他相关基础设施。

4.5 游客容量计算

公园游客容量根据不同分区分别计算,具体方法见表4-3。

表 4-3　城市湿地公园游客容量计算方法

生态保育区	生态缓冲区	综合管理与服务区
0 人	按线路法,以每个游人所占平均道路面积计算,5~15㎡/人。	按公式 C=(A1/Am1)+C1 计算, 式中:C——公园游人容量(人); A1——公园陆地面积(㎡); Am1——人均占有公园陆地面积(㎡); C1——开展水上活动的水域游人容量(人)(仅计算综合服务与管理区内水域面积,不包括其他区域及栖息地内的水域面积)。 陆地游人容量宜按 60 ~ 80 ㎡/人,水域游人容量宜按 200 ~ 300 ㎡/人。

4.6 用地比例

公园用地面积包括陆地面积和水体面积。水体应以常水位线范围计算面积,潜流湿地面积应计入水体面积。

计算时应以公园陆地面积为基数,分区进行。其中陆地面积应分别计算绿化用地、建筑占地、园路及铺装用地面积及比例,并符合表 4-4 的规定。

表 4-4　城市湿地公园用地比例(%)

陆地面积 (公顷)	用地类型	生态保育区	生态缓冲区	综合服务与管理区
≤ 50	绿化	100	>85	>80
	管理建筑	–	<0.5	<0.5
	游憩建筑和服务建筑	–	<1	<1
	园路及铺装场地	–	5 ~ 8	5 ~ 10
50 ~ 100	绿化	100	>85	>80
	管理建筑	–	<0.3	<0.3
	游憩建筑和服务建筑	–	<0.5	<0.8
	园路及铺装场地	–	5 ~ 8	5 ~ 10
101 ~ 300	绿化	100	>90	>85
	管理建筑	–	<0.1	<0.1
	游憩建筑和服务建筑	–	<0.3	<0.5
	园路及铺装场地	–	3 ~ 5	5 ~ 8

陆地面积 （公顷）	用地类型	生态保育区	生态缓冲区	综合服务与管理区
≥ 300	绿化	100	>90	>85
	管理建筑	–	<0.1	<0.1
	游憩建筑和服务建筑	–	<0.2	<0.3
	园路及铺装场地	–	3 ~ 5	5 ~ 8

注：1. 上表用地比例按相应功能区面积分别计算。

2. 建筑用地比例指其中建筑占地面积的比例，建筑屋顶绿化和铺装面积不应重复计算。

3. 园内所有建筑占地总面积应小于公园面积 2%。除确有需要的观景塔以外，所有建筑总高应控制在 10m 以内，3 层以下。

4. 林荫停车场、林荫铺装场地的面积应计入园路及铺装场地用地。

5. 生态保育区内仅允许最低限度的科研观测与安全保障设施。

4.7 湿地保护与修复

湿地修复应采取自然恢复为主、与人工修复相结合的方法，强调尊重自然、顺应自然、保护自然，坚持修复与保护相结合，树立"保护也是修复"的理念，首先从历史资料收集、现场取样调查、人类经济活动干扰度分析、土壤理化性质、岸带侵蚀度分析、微生物生态系统健康程度、湿地植被和生物多样性等方面综合分析评价湿地面临的威胁与退化的成因，在此基础上，按照针对性与系统性相结合、局部与整体相结合、近期与远期相结合的原则，制定切实可行的保护与修复方案，明确保护与修复工程的对象、位置、规模、技术措施、实施期限等内容。

对需要实施修复的区域，合理利用生物、生态、物化、水文等工程技术，逐步恢复退化湿地生态系统的结构和功能，最终达到湿地生态系统的自我持续状态。具体措施包括土壤治理、湿地水系修复、植被恢复与多样性提升、水体生态修复、生物多样性恢复、入侵物种管理等。在湿地修复过程中，应充分利用泛滥河流和潮汐循环协助输送水分和营养物，增加湿地流动性，应采取减量化设计，尽量减少后期维护投入。

5　栖息地设计

5.1 基本要求

5.1.1 公园应结合不同的湿地类型与现状条件，包括野生生物资源、动物生活习性及潜在动物栖息地等的情况进行栖息地设计。连片栖息地应尽量划入生态保育区范围，零散分布于园内其他功能区的栖息地也应

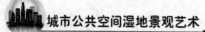
按照同等要求进行设计。

5.1.2 可通过地形设计、水域设计、驳岸设计、种植设计为园中野生动植物营造栖息场所,同时保证公园整体风貌与湿地环境特质相协调。

5.1.3 设计时还应根据野生动物活动路径,考虑园内栖息地与园外其他栖息地之间,及园内不同栖息地之间的联通性。

5.2 动植物保护

城市湿地的动植物保护对象主要是适宜湿地生境的各种鸟类、鱼类、两栖类、爬行类、甲壳类以及小型哺乳动物等野生动物和湿生、水生植物群落,应根据场地调研确定需要保护和恢复的动植物种类,并根据不同动物的觅食、繁殖、休息、停留等生活习性以及所需的不同生境进行科学设计。对珍稀动植物应按照国家相关法律法规制定有针对性的保护措施。

5.3 栖息地系统设计

运用生态学相关理论,确立场地内需要被保护或新建的动植物栖息地斑块及有利于物种迁徙、基因交换的廊道。对道路、河流、林地等合理整合,并在此基础上建立城市区域的连续生物网络,改善湿地生境的破碎化。

设计满足湿地生物食物链的草滩、泥滩、石滩、沼泽、林地、灌丛、水域等不同的生境类型,增加湿地生态系统的生物多样性,丰富公园景观类型、层次和季相等。

5.4 栖息地要素设计

5.4.1 地形

通过合理的地形设计,改善区域排水、营造有利于动植物生存的小气候,增大地表面积,创造阴阳、陡缓、干湿等多样化的环境条件,以满足不同动植物生长需要。通过地形加强隔离,降低人类活动对栖息地的影响。

5.4.2 水域

(1)根据不同动植物需要的水深和水文、气候条件等合理设计水域形态及深度。栖息地水域应以浅水为主(通常为1m以下;可设计季节性滩涂;北方地区水深应适当加大),同时包含部分较深水域(3m~4m),为深水鱼类等底栖生物提供生境。

(2)岸线应尽量曲折丰富,增大水陆交界面,并可适当营造不规则形态的小岛,开辟一些内向型、隐蔽性较强的裸地滩涂和浅水水塘,为鸟类及小型鱼类、甲壳类动物提供理想栖息环境。

(3)在满足防洪及安全要求等前提下,驳岸坡度应尽量控制在10:1或更小,尽量采用生态驳岸,除湿地水生植物、灌丛、耐水湿乔灌片林等,营造一定的裸露滩涂和砂石驳岸。

5.4.3 植物

（1）根据野生动物生态习性进行植物的选择与配置，可通过种植动物喜食的植物，如鸟嗜植物和蜜源植物等，以及适宜繁殖筑巢的乡土植物，形成近自然的复层植被群落。

（2）保持一定的植被密度，构成覆盖度较大的植被群落。在栖息地边缘，宜种植枝叶繁茂、不易靠近的树丛作为缓冲隔离带。靠近水岸边缘处不宜栽植高大乔木，为水禽活动留出一定空间，可栽植耐水湿的草本及灌木，形成水陆交界带的动物栖息环境。

5.4.4 设施

（1）栖息地内应严格控制包括科研观测在内的建构筑物及其它人工设施的数量、体量和色彩。栖息地及相邻区域内不宜设置大型服务建筑。必要的建构筑物在设计时需采用环保材料及工艺，可采用立体绿化等措施使其与周边环境融合。

（2）根据调查分析划定适当的禁入区，其外围设立的观景点和停留休憩设施，应避免影响野生动植物生存；可结合标识系统等，开展一定的科普教育活动。

（3）为鸟类、鱼类及其他小型哺乳动物设置的人工鸟巢、木质栖台、人工洞穴和投食区等，都应符合动物生态习性要求。

6 水系设计

6.1 基本要求

6.1.1 公园的水系设计应做到统筹兼顾、科学计算、综合平衡。

6.1.2 应根据场地调研及综合评价，进行场地及周边区域的水脉梳理，在保护原有水系统自然生态功能基础上，合理组织公园及周边区域的排水，恢复自然水文过程，修复园内外水系循环。

6.1.3 对有防洪要求的水系，需根据上位规划，确定合理的防洪等级及相应的防洪设施，如进出水口、堤坝、水闸、硬质驳岸、排水渠等，并应尽量满足公园的生态与景观要求。

6.1.4 对水资源紧缺城市，应考虑综合利用城市雨洪和中水等公园用水进行补给；对水资源丰沛的城市，宜侧重径流污染及径流峰值控制；易涝城市可侧重径流峰值控制，并达到《室外排水设计规范》（GB50014）中内涝防治设计重现期标准。

6.1.5 控制区域内的潜在污染源，排入公园的雨洪和中水等应满足一定的水质要求。雨洪来水应不低于国家地表水Ⅳ类水质标准，中水和其他再生水回用需满足《再生水回用于景观水体的水质标准》（CJ/T95-2000）。对不符合水质标准的水源，应根据具体情况，结合物理净化、生物净化等,通过沉淀池、潜流湿地、表面流湿地、植物净化池等适当处理,达标后方可排入园内水系。

6.2 水域设计

6.2.1 应根据原有湿地状况、气候及降水、栖息地分布、雨洪管理要求、功能定位等,合理确定公园水体的水量、形状、水深、流向、流速、常水位、最高水位、最低水位、水底及驳岸高程、水闸、进出水口、溢流口及泵房位置等;以及游憩相关使用要求,如码头位置、航道水深等。应结合雨洪管理要求,做好防护挡墙、生态排水边沟、雨水池塘、集水井等排水、集水设施的设计。

6.2.2 尽量按照自然水系特点,进行人工水系营造,保持各区域水体的连通性;根据栖息地需要,设计合理的岸线形态,保持适宜的水深与流速。

6.2.3 对有蓄滞洪功能的水体,需考虑最大蓄水量时,水体的安全性和对栖息地影响,预留一定的水体空间。

6.2.4 合理安排全园水域的开合变化,以及洲、桥、溪、岛、堤等的布局与形态,形成大小不同、形态丰富、环境优美的水域空间。

6.3 驳岸设计

6.3.1 按照水陆交接区域的植被分层、自然演替、使用功能等,设计不同类型护岸做法。以自然生态的渗透性护岸为主;有防洪、调蓄等功能的水体,在驳岸设计时应考虑护坡、固土及防冲刷等安全措施,其外形和材料的质地、色彩均应与环境协调。

6.3.2 一般驳岸宜采用自然式缓坡设计;在水深较深且水面较小的情况下,可采用阶梯式种植法和柳条桩、杉木桩固定法等加固岸线;在有防洪要求的水域,可采用生态石笼、生态挡墙、生态边坡等措施适当加固,并增加生物栖息场所;有游憩需求的水域,可设计一定的亲水驳岸、木质平台及栈道等。

6.3.3 不同分区,在没有防洪要求的情况下,自然化驳岸比例应满足表 6-1 要求。

表 6-1 自然化驳岸比例

分区	生态保育区	生态缓冲区	综合服务与管理区
自然化驳岸比例	100%	>85%	>80%

7 竖向设计

7.1 基本要求

公园的竖向设计应结合水系设计,明确公园内地形及场地的标高、坡度与坡向。确定挖填方区域与大致的土方量。确保场地安全和湿地生物正常繁育，满足排水组织及湿地水文变化、栖息地环境、地下管网布置等相关要求。

7.2 高程控制

7.2.1 有城市防洪需求的场地,应参照《防洪标准》(GB50201)的相关规定进行必要的高程控制和防洪(潮)堤的规划,其他建构筑物高程及布置也应满足上位规划中的防洪标准及相关技术要求。

7.2.2 结合公园所在区域小流域综合治理,合理制定公园与外部场地高差,组织汇水区。通过高程控制,避免城市地表径流污染物大量流入公园,最大限度恢复区域水系统自然循环。

7.3 挖填方设计

最小限度地改变自然下垫面和挖填方,尽量做到场地内部土方平衡,禁止破坏生态环境的挖填方设计。对有污染的土壤先进行治理后再进行挖填方,治理后的土壤应达到《土壤环境质量标准》(GB15618-1995)中规定的Ⅰ类土壤标准。对于无法治理的有污染的土壤,必须采取换土措施。客土不应含有对生物有害的污染物。

7.4 道路及场地坡度设计

7.4.1 地面排水坡度不宜小于 0.5%,并应高于多年平均地下水位。游人活动区绿地坡度宜为 5% ~ 20%,并应结合土质及植被情况在坡度大于土壤自然安息角的区域设置挡土墙等防护措施,防止滑坡及水土流失。

7.4.2 通过全园综合统计及周边市政设施协调,合理制定各区排水基础设施的管底标高及溢流高程,保障场地安全,最大限度地实现水资源的合理收集与循环利用。

7.4.3 道路、活动场地及建筑外环境的竖向设计需与周边环境相协调,满足游园活动安全及无障碍设计相关要求。绿化用地宜做微地形处理,利于场地雨洪管理,增加雨洪蓄滞和渗透。

7.4.4 考虑游人心理、视线组织、景观营造等需求,通过地形设计形成良好的空间格局。

8　种植设计

8.1 基本要求

8.1.1 遵循乡土化和多样化的原则,满足野生生物栖息需要,再现自然生态特征。按照湿地水生生态系统—湿地生态系统—陆生生态系统的多样化、过渡特色,形成沉水、漂浮及浮叶植物—挺水植物或湿生(沼生)植物—陆生乔灌草的群落形式。在进行种植设计时需尊重场地原有特色,避免过度设计,避免外来植物入侵。对有特殊功能的人工湿地(如重金属治理等），可设计相应的功能型植物群落，并设计合理的品种及更换周期。

8.1.2 绿化用地占全园陆地面积比例不低于 80%。所选用的绿化树种中乡土植物品种一般不少于 70%。

8.1.3 除公园主要出入口及必要的交通设施、管理服务设施用地外，公园与周边城市用地之间应至少保持不小于 20m 宽的绿化隔离带，隔离带内可适当设置城市雨洪管理及再利用设施。

8.1.4 对园中的特有植物种类或珍稀动物应全部原地保留并妥善保护。

8.1.5 优先选用生态效益高、适应性强、低维护的乡土植物品种。有条件的公园，可结合科研需要，建立湿地植物驯化与繁育苗圃及实验基地。

8.2 植物选择与配置

8.2.1 优先考虑栖息地生态环境需要，结合现状资源特点和各区功能需要，对植物布局、空间、尺度、形态及主要种类进行合理设计。

8.2.2 维护地带性的湿地生物群落健康稳定，控制植物种植密度、避免过度人工化。

8.2.3 注意水深对植物的影响。植物种类的选择与水深关系详见表8-1。

表 8-1　湿地植物群落与适宜水深

植物类型	适宜水深	注意事项
湿生植物	宜种植在常水位以上。	注意水位变化对不同植物的影响。
挺水植物	除某些种类的荷花以外大多适宜栽植在水深小于 60cm 的水域。	对蔓生性或具有较强的萌蘖能力的水生植物，宜采取水下围网、水下种植池、容器栽植等多种措施控制其生长区域。
浮叶植物	水深 1~2m 左右的水域。	浮叶植物水面叶片覆盖面积一般不宜超过水域面积的 1/3。
沉水植物与底栖藻类、水草等	需较好的水体能见度和光照环境，宜种植在开阔无遮挡水域。	不宜作为先锋种，应在水体污染情况达到植物生长要求后种植。

8.2.4 保留原有场地生长良好的乡土植物，适当增加为野生动物提供食物来源与栖息场所的植物群落。

8.2.5 靠近生态保育区的生态缓冲区一侧的隔离防护绿地，植物种类需考虑与生态保育区的连续性。游人使用频率高的区域避免使用有毒、有硬刺的植物。

8.2.6 综合服务与管理区可提升植物群落的观赏性与丰富度，注意常绿与落叶、速生与慢生植物的搭配和季相变化,满足适宜的遮阴、赏景、科普等功能需求。

8.2.7 结合基址历史和文化特色,营造富有意境的植物景观。

8.2.8 对设有生物滞留、水体净化等雨洪管理设施的绿地,应根据设计滞水深度、雨水渗透时间、种植土厚度、水污染负荷及不同植物的生态习性等条件,选择抗逆性强、抗污染、耐水湿的植物种类,并注意与周边生态环境的协调。

9　道路与铺装设计

9.1　交通组织

9.1.1 公园交通系统组织应考虑与城市交通的衔接,原则上禁止非园务机动车穿越交通,除特殊园林养护需求与紧急情况外,园内一律使用绿色环保交通工具。

9.1.2 根据上位规划及公园功能、布局等,合理安排主次出入口及专用出入口的位置与大小,选择适宜场地布置社会车辆停车场。应推广林荫停车场建设,在公园出入口及停车场宜采用种植乡土的遮阴效果好的乔木及立体绿化方式增加遮阴面积。

9.2　道路设计

9.2.1 应按照总体定位和功能分区,在生态环境敏感性评价基础上,进行合理的交通组织和系统设计,避免对环境的影响,同时满足游人体验需求。道路可采用分级设计,一级园路应便捷连接各景区,考虑管理及应急车辆通行要求,宽度宜在 4 ~ 7m;二级园路应能连接不同景点,考虑人行与自行车交通和适当的应急机动车交通,宽度宜在 2 ~ 4m;三级园路主要考虑步行交通,宽度宜在 0.9 ~ 2m。不同区域的道路密度及宽度应符合表 9-1 要求。

9-1　城市湿地公园道路设计要求一览表

分区		生态保育区	生态缓冲区	综合管理与服务区
路网密度		除科研用途外不设道路	$100m/hm^2$ ~ $200m/hm^2$	$150m/hm^2$ ~ $380m/hm^2$
道路宽度	小型	<1m	0.9m ~ 3m	1.2 ~ 5m
	中型	<1m	0.9m ~ 3m	1.2 ~ 6m
	大型	<1m	0.9m ~ 4m	1.2 ~ 7m
铺装材料		土、砂石	可透水性铺装面积不小于80%	可透水性铺装面积不小于60%

注:表 9-1 中对不同分区道路宽度的规定根据公园面积大小分为小型、中型、大型三个等级,公园面积指标参见表 4-1。

9.2.2 道路可考虑成环或平行设置,减少网状交织,避免穿越栖息地等生态敏感区;通往生态保育区、滩涂、孤岛等的卡口,可设复线;必须原路返回的,宜适当加宽路面并在路口设立标识牌。

9.2.3 栈道、码头、平台等选址应避开生态敏感区及地质情况复杂、承载力弱的区域,并采取必要的安全加固措施。

9.2.4 可考虑与周边绿道的衔接,其衔接线与园内其他自行车道的设计可参照《绿道规划设计导则》(2016年)。

9.2.5 道路的纵横坡设计应满足安全、排水等相关要求,无障碍设计可参照《无障碍设计规范》(GB50763-2012)。

9.3 铺装及场地设计

9.3.1 铺装场地面积、形式应根据总体设计的功能和布局确定。按照集散、休憩、赏景、小型活动等不同需求,设计适宜的坡度、排水、铺装形式。儿童及老年人活动场地宜做柔性铺装设计,并注意无障碍设施。透水铺装面积应不低于铺装场地面积的50%,其结构应符合《透水砖路面技术规程》(CJJ/T188)、《透水沥青路面技术规程》(CJJ/T190)和《透水水泥混凝土路面技术规程》(CJJ/T135)的规定。用于休憩、赏景等的场地遮阴面积应不小于40%。

9.3.2 建构筑物周边场地的高程、坡度、坡向可结合雨洪管理要求进行综合计算。

10 配套设施设计

公园配套设施的设计应从生态性、功能性、景观性、科普性等方面综合考虑。根据基本功能可分为管理服务设施、游憩服务设施、配套服务设施、科普宣教设施、安全保障设施、环境卫生设施和交通设施,应根据公园发展及功能定位具体配置,并应在设计时适当考虑地域文化传承及场所精神体现。各分区可布置的服务设施内容详见表10-1。

表10-1 各区服务设施设置一览表

设施类型	基本项目	生态保育区	生态缓冲区	综合服务与管理区
管理服务设施	游客服务中心	-	-	●
	管理中心	-	-	●
	应急避险设施	-	○	○
	雨洪控制与利用设施	○	●	●

续表

设施类型	基本项目	生态保育区	生态缓冲区	综合服务与管理区
游憩服务设施	休憩平台	–	○	●
	活动场地	–	○	●
	健身场地	–	○	○
	亭、廊、花架、厅、榭	–	○	●
	座椅	–	●	●
	农耕渔业体验设施	–	○	○
	儿童娱乐设施	–	○	○
	游船码头	–	○	○
	野营点	–	○	○
配套服务设施	餐饮建筑	–	–	○
	售卖建筑	–	○	○
	自行车租赁点	–	●	○
科普宣教设施	展览馆（或科教馆）	–	○	●
	科普长廊	–	○	●
	指示牌及宣传栏	○	●	●
	观鸟屋	○	●	○
	野外宣教基地	–	○	○
	科研观测站	○	○	○
	科学实验室	–	○	○
安全保障设施	安全防护设施	●	●	●
	监控设施	○	●	●
	无障碍设施	–	●	●
	治安消防点	–	○	●
	医疗急救点	–	○	●

续表

设施类型	基本项目	生态保育区	生态缓冲区	综合服务与管理区
环境卫生设施	厕所	–	●	●
	垃圾无害化处理设施	–	●	●
交通设施	公共停车场	–	–	●
	自行车停车场	–	○	●
	环保电瓶车换乘站	–	○	○

注：1. 安全防护设施主要指必要的隔离带、护栏、警示牌、禁入标志、水上救生设施等，应符合《公园设计规范》要求。凡游人活动范围边缘临空高差大于 1.0m 处，均应设置高度不小于 1.05m 的护栏，桥及木栈道周边 2m 范围内水深超过 70cm 的也需设置高度不小于 1.05m 的护栏及安全警示标志。

2. 无障碍设施应符合《无障碍设计规范》（GB50763-2012）的规定。

3. 厕所设置间隔宜为 500~1000m，大型城市湿地公园可间隔 2000m。垃圾箱宜间隔 100~200m，并应设置垃圾分类标志。

4. 观鸟屋及其他科研观测设施的设置应不影响野生动植物的正常活动，应具有一定的隐蔽性。

5. 科普教育设施应结合场地特色，考虑游人心理，做到信息传达准确、清晰、富有吸引力、便于更新。解说标志牌宜采用中、英对照，动、植物名称应注明拉丁文；公共设施标志应采用国际通用的标识符号。

11 基础工程设计

11.1 基础工程设计应包括必要的供电、给排水、通讯、安全、卫生、消防、供热（考虑地 域区别）、绿化美化、环境保护等。应根据安全、环保、节约、易于维护管理的原则进行设 计，充分利用现有设施，并考虑和市政基础设施系统的适当衔接。

11.2 公园的照明设计应兼顾野生动植物保护与人员安全，确定合理的照度水平和照明方式。 园中公共活动区域宜采用分回路、分区域的照明控制和智能化的灯光调节、控制方式，照度 标准应符合《城市夜景照明设计规范》（JGJ/T-163-2008）的一般规定。其他区域宜采用规范中人行路流量小的道路路面的平均照度规定。鼓励使用太阳能、风能、潮汐能等清洁能源。 野生动物栖息地及附近环境原则上禁止使用人工照明，确有需要的，照度、色谱、照明方式 等应首先满足野生动物保护要求。

11.3 公园排水系统应实行雨污分流，并统筹考虑城市雨洪管理与区域水系调节,宜实现园区径流的就地消解。公园给水应符合城市供水水质等相关规范要求,有条件的地区可考虑在服务区内提供直饮水。鼓励雨水、中水等合理回用。

11.4 园内污水、垃圾应进行无害化处理等相关标准和管理要求。综合服务管理区内枯枝落叶、塘泥等应进行堆肥等资源化处置,宜在园内就地利用。

11.5 供电设施应满足园内服务管理及基础设施运行、道路照明等需要,应就近接入城市电网,并完善相关安全防护措施。供电线路敷设应避免使用架空线路或穿越湿地保育区,高压线路不得穿越动物集中活动区。

11.6 应建立完善公园通信系统和监控管理系统,并符合应急管理要求。在综合服务管理区,可设置 WIFI 等无线网络。

11.7 应针对湿地公园的地理位置等实际以及可能发生的自然灾害、突发事件等设计相应的防灾应急设施。

12　设计成果

城市湿地公园设计成果包括前期摸底调研基础资料汇编、方案设计、初步设计和施工图设计。各阶段均应包括设计说明与设计图纸两部分,图纸深度应符合《风景园林制图标准》(CJJT 67-2015)。

12.1 基础资料汇编阶段的主要内容与成果要求见表 12-1。

12.2 方案设计阶段的主要内容与成果要求见表 12-2。

表 12-1　城市湿地公园基础资料汇编阶段主要内容及成果

分类	资料名称	资料描述	备注
测量资料	地形图	比例尺 1:500—1:1000。	必备资料
	专业图	遥感影像图(航拍图片或卫星图片),分辨率在 0.3—20m 之间。	可选择性
自然资源	气候	所在区域的温度、降水、湿度、日照、风力、蒸发量与特殊气候现象等。	必备资料
	水文	所在地区水文动态资料;公园内部湿地水文资料,包括历史上的水文资料等。	必备资料
	地质	地质勘查报告:包括地质、地形、地貌、土层、建设地段土壤承载力;地质灾害情况;地下水现状等。	必备资料
	土壤	土壤类型、分布以及物理结构、肥力等。	必备资料
	湿地	项目所在地的湿地类型及其特性。	必备资料

续表

分类	资料名称	资料描述	备注
	植物	植物的种类、区系、类型、数量、分布,以及演替变化等。	必备资料
	动物	动物的种类、种群、分布、活动规律、变化趋势等。野生动植物栖息地及其变化等以及候鸟迁徙路线,等等。	必备资料
社会经济和人文资源资料 城市的地域文化以及与湿地有关的人文、历史、民俗等非物质遗产资料。		当地社会经济发展水平、城市发展目标、人口状况、各类用地状况资料。	必备资料
		必备资料	
现有基础设施资料	市政基础设施	包括道路、供水、电力、电信、污水、雨水、垃圾、热力、燃气、网络等市政基础设施与规划区的接口位置及容量资料。	必备资料
	环境保护设施	包括对规划区产生影响的内部及周边现有污水、土壤、固体废弃物等处理设施、处理方式等资料。	必备资料
规划资料	城市土地利用规划、水利规划	批准和正在执行的土地利用规划、水利规划。	必备资料
	城市绿地系统规划	批准和正在执行的城市绿地系统规划。	必备资料
	城市生态保护与建设规划	批准和正在执行的城市生态保护与建设规划。	可选择性
	旅游发展规划	已批准的城市旅游发展规划和生态旅游规划等。	可选择性
	环境保护规划	批准的和正在执行的环境保护规划,及各专项环境保护规划资料。	必备资料
	经济发展规划	已批准的经济社会发展规划。	可选择性
其他资料		公园设计所需的其他资料	

注:基础资料整理应以图文并茂的方式,形成汇编文本。

表 12-2　城市湿地公园方案设计阶段主要内容及成果

成果形式及内容要求		
设计说明	设计图纸	备注
公园现状及上位规划分析,设计范围与依据,设计目标、理念、原则,湿地保护(尤其是栖息地保护与修复)相关规划与措施,公园总体布局、功能分区、水系、竖向、道路、植被、设施设计等的依据与主要内容,景点分布与内容,初步的投资估算等。	区位图	区域关系(在整个生态系统中战略区位)
	交通分析及设施分析图	区域交通基础设施
	资源现状分布图	区域生态环境资源类型分布
	土地利用现状图	城市湿地公园边界、现状土地利用类型、地理要素、现有湿地类型及资源分布、现有主要构筑物及基础设施
	生态敏感性分析图	场地生态敏感性综合分析
	现状水系统分析图	场地现状水系位置、大小、深度、流速、水文变化、水质条件等
	现状竖向分析图	
	总平面图	
	功能分区图	
	栖息地设计图	包括栖息地位置、范围、可进入性、动植物保护措施、相关设施等的设计。
	水系设计图	
	竖向设计图	
	种植设计图	分区设计,包含乔灌草及湿生、水生植物。
	道路及相关设施设计图	包含各级道路、停车场、绿道驿站等的平面及剖面设计。
	各类设施布局图	可进行专项设计。
	雨洪管理设施布局图	包含雨水渗透、滞蓄、净化和雨污处理设施及灰色基础设施。
	综合管线及设施布局图	给排水、电力、通讯等干线布局方案及必要的水工设施布局方案。
	重要节点平面图和效果图	
	其他相关效果图及意向图	

附录E 《城市湿地公园管理办法》2017版

城市湿地公园管理办法

第一条 城市湿地是城市重要的生态基础设施,为保护城市湿地资源,加强城市湿地公园管理,维护自然生态平衡,促进城市可持续发展,依据《国务院办公厅关于加强湿地保护管理的通知》《国务院办公厅关于印发湿地保护修复制度方案的通知》,制定本办法。

第二条 本办法适用于城市湿地资源保护和城市湿地公园的规划、建设、管理。

本办法所称的湿地是指天然或人工、长久或暂时性的沼泽地、泥炭地或水域地带,带有静止或流动的淡水、半咸水、咸水水体,包括低潮时水深不超过6米的水域。

湿地资源是指湿地及依附湿地栖息、繁衍、生存的生物资源。

城市湿地是指符合以上湿地定义,且分布在城市规划区范围内的,属于城市生态系统组成部分的自然、半自然或人工水陆过渡生态系统。

城市湿地公园是在城市规划区范围内,以保护城市湿地资源为目的,兼具科普教育、科学研究、休闲游览等功能的公园绿地。

第三条 城市湿地保护是生态公益事业,应遵循全面保护、生态优先、合理利用、良性发展的基本原则。

城市湿地应纳入城市绿线划定范围。严禁破坏城市湿地水体水系资源。维护生态平衡,保护湿地区域内生物多样性及湿地生态系统结构与功能的完整性、自然性。

通过设立城市湿地公园等形式,实施城市湿地资源全面保护,在不破坏湿地的自然良性演替的前提下,充分发挥湿地的社会效益,满足人民群众休闲休憩和科普教育需求。

城市湿地公园及保护地带的重要地段不得设立开发区、度假区,禁止出租转让湿地资源,禁止建设污染环境、破坏生态的项目和设施,不得从事挖湖采沙、围护造田、开荒取土等改变地貌和破坏环境、景观的活动。

第四条 住房城乡建设部负责全国城市湿地资源保护与修复、城市湿地公园规划建设管理的指导、监督等工作,负责国家城市湿地公园的设立和保护管理工作的指导监督。

省级住房城乡建设（园林绿化）主管部门负责本地区城市湿地资源保护与修复以及城市湿地公园规划建设管理的指导监督，负责建立包括城市湿地资源普查、动态监测、国家城市湿地公园规划与实施等相关信息管理体系。

县级以上城市人民政府园林绿化主管部门负责本地区城市湿地资源保护以及城市湿地公园的规划、建设和管理。

第五条　各城市应在全面摸底调查、评估分析的基础上，组织制定城市湿地资源保护发展规划方案，纳入城市绿地系统规划严格管理，并与城市生态修复专项规划、海绵城市建设规划等统筹衔接，任何人不得擅自变更。

城市湿地资源保护发展规划方案应明确保护目标、保护范围、主要任务、重点工作和具体实施方案。

第六条　城市湿地实施全面保护、分级管理，具备下列条件的城市湿地公园，可以申请设立国家城市湿地公园：

（一）在城市规划区范围内，符合城市湿地资源保护发展规划，用地权属无争议，已按要求划定和公开绿线范围。

（二）湿地生态系统或主体生态功能具有典型性；或者湿地生物多样性丰富；或者湿地生物物种独特；或者湿地面临面积缩小、功能退化、生物多样性减少等威胁，具有保护紧迫性。

（三）湿地面积占公园总面积 50% 以上。

第七条　国家城市湿地公园的设立，由县级以上城市人民政府提出申请，经省、自治区住房城乡建设主管部门推荐后报住房城乡建设部。直辖市由城市园林绿化主管部门提出申请，经城市人民政府同意后，报住房城乡建设部。

第八条　申请国家城市湿地公园需提交以下材料：

（一）省（区）住房城乡建设主管部门或直辖市城市人民政府关于申请列为国家城市湿地公园的请示；

（二）国家城市湿地公园申请报告和申请表（见附件）；

（三）城市湿地资源保护发展规划和生态修复的方案；

（四）城市湿地资源现状及重要资源的图纸、照片、影像和其他有关材料。

（五）城市湿地公园用地红线图、城市湿地公园绿线图及在两种以上媒体公示的证明材料。

第九条　住房城乡建设部在收到申请后，组织专家进行论证和考察

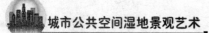

评估,对符合条件的设立为国家城市湿地公园,并向社会公布。

第十条 已设立的国家城市湿地公园应标明界区,设立界碑、标牌和保护标识,并按申报方案明确管理机构、建立技术与管理队伍、保障保护管理资金。

第十一条 已批准设立的国家城市湿地公园应在1年内编制完成国家城市湿地公园规划,经省级住房城乡建设(园林绿化)主管部门审核后,报住房城乡建设部备案。

国家城市湿地公园规划应纳入城市绿地系统规划、水系规划严格管理,任何单位和个人不得擅自变更。

第十二条 国家城市湿地公园的保护范围等规划内容变更,须组织专题论证、公开公示,并经省级住房城乡建设(园林绿化)主管部门审核后报住房城乡建设部备案。

第十三条 国家城市湿地公园应定期组织开展湿地资源调查和动态监测,建立信息档案和湿地动态监测数据库,并根据监测情况采取相应的保护管理措施,及时向上级城市园林绿化主管部门报告相关情况。

第十四条 公民、法人和其他组织都有保护城市湿地资源的义务,对破坏、侵占城市湿地资源的行为有权检举或者控告。

第十五条 住房城乡建设部根据各省级住房城乡建设(园林绿化)主管部门监督检查结果和社会公众举报、媒体曝光等情况,组织抽查或专项督查。

对管理和保护不利,造成湿地生态要素、生态过程、生态功能等受到破坏的国家城市湿地公园,责令限期整改。整改后仍不符合要求的,撤销其设立命名,并予以通报批评,对有关单位和人员依法依纪追究责任。

参考文献

1. 王祥荣编著·生态建设论：外城市生态建设比较分析·上海：东南大学出版社,2004

2. 严承高,张明祥,王建春·湿地生物多样性价值评价指标及方法研究·林业资源管理,2000年第1期

3. 唐军·追问百年——西方景观建筑学的价值批判·南京：东南大学出版社·2004

4. 俞孔坚,李迪华·城市景观之路——与市长们交流·北京：中国建筑工业出版社,2003

5. 俞孔坚,李迪华,孟亚凡·中国园林：湿地及其在高科技园区中的营造·2001年第2期

6. 刘向晖·基于湿地生态技术的城市空间设计[硕士学位论文]·重庆：重庆大学,2001

7. 柳骅,夏宜平·水生植物造景·中国园林,2003年第3期

8. 陈六汀·艺术之水——水环境艺术文化论·重庆：重庆大学出版社,2003

9. 许长新,邱珍英·沿海滩涂开发与环境保护的可持续发展·海洋开发与管理,2004年第6期,P10

10. 朱钧珍·园林理水艺术·北京：中国林业出版社·2000

11. 周维权·中国古典园林史·北京：清华大学出版社·1999

12. 任艳军,陈其兵·人工湿地系统在成都市园林绿化建设中应用的探讨[学位论文]·四川农业大学林学园艺学院,2003

13. 陈利顶,李秀珍,傅伯杰,肖笃宁,赵文武.中国景观生态学发展历程与未来研究重点[J].生态学报,2014,34（12）：3129-3141

14. [日]卢原义信著,尹培桐译·外部空间设计·北京：中国建筑工业出版社,1985

15. 彭一刚,《建筑空间组合论》(第三版),中国建筑工业出版社,2008

16. 王向荣,林箐·西方现代景观设计的理论与实践·北京:中国建筑工业出版社,2002

17. 俞孔坚,庞伟等·足下的文化与野草之美——歧江公园案例·北京:中国建筑工业出版社,2003

18. 俞孔坚·生存的艺术·北京:中国建筑工业出版社,2006

19. 俞孔坚,李迪华,袁弘 等·海绵城市 – 理论与实践·

20. 俞孔坚·海绵城市景观工程图集·北京:中国建筑工业出版社,2017

21. 刘红玉,李玉凤,曹晓,《我国湿地景观研究现状、存在的问题与发展方向》[J]. 地理学报,2009,64(11):1394-1401

22. 李玉凤,刘红玉,《湿地分类和湿地景观分类研究进展》,湿地科学,2014,Vol.12,No.1:102-108

23.[德] 本雅明著,王炳钧、杨劲译·经验与贫乏·天津:百花文艺出版社,1999

24. 孙振华 编·公共艺术时代·南京:江苏美术出版社,2003

25. 吴家骅 著,叶南 译·景观形态学·北京:中国建筑工业出版社,1999

26. 陈六汀,梁梅·景观艺术设计·北京:中国纺织出版社,2004

27. 陈从周·说园·济南:山东画报出版社,同济大学出版社,2002

28. 朱良志·中国艺术论十讲——曲院风荷·合肥:安徽教育出版社,2003

29. 王凌,罗述金·城市湿地景观的生态设计·中国园林,2004 年第 1 期

30. 金学智·《中国园林美学》·北京:中国建筑工业出版社,2000

31.[德] 赫伯特·德莱塞特尔,迪特尔·劳格,卡尔·卢德维格 编辑,任静,赵黎明 译·德国生态水景设计·沈阳:辽宁科学技术出版社,2003

32. 黄石达,王安庆,钱骏等·从成都市活水公园看人工湿地系统处理工艺·四川环境,2000 年第 2 期

33. 岳桦,孙文,《黑龙江省植物园人工湿地植物群落特征与公众认知的景观美感度相关性研究》,《黑龙江农业科学》,2011(3):71-74.

34. 陆健健,何文珊,童春富,王伟,《湿地生态学》,北京:高等教育出版社,2006

35. 中华人民共和国环境保护部,《人工湿地污水处理工程技术规范》,北京:中国环境科学出版社,2011

36. 李家科,李亚娇,《人工湿地处理技术》,北京:中国建筑工业出版

社,2011

37. 吴振斌,《复合垂直流人工湿地》,科学出版社,2008

38. 陈永华,《人工湿地植物配置与管理》,中国林业出版社,2012

39. 刘汉湖,白向玉,宁夏,《城市废水人工湿地处理技术》,中国矿业大学出版社,2006

40. 魏俊、韩万玉、杜运领,《尾水人工湿地设计与实践》,水利水电出版社,2019

41. 朱四喜,《人工湿地生态系统功能研究》,科学出版社,2018

42. 王成端编著,《低成本污水处理技术及工程实例》,化学工业出版社,2008

43. 汪辉 等,《湿地公园生态适宜性分析与景观规划设计》,东南大学出版社,2018

44. 罗伯特·L·弗朗斯,《图解湿地设计——风景园林师和土地利用规划师的湿地设计原则与实践》,中国建筑工业出版社,2016

45. 成玉宁,《湿地公园设计》,中国建筑工业出版社,2012

46. 但新球,《湿地公园规划设计》,中国林业出版社,2014

47. 张玉钧,刘国强,《湿地公园规划方法与案例分析》,中国建筑工业出版社,2013

48. 肖楚田,肖克炎,李林,《水体净化与景观》,江苏科学技术出版社,2013

49. 吴玲,《湿地植物与景观》,中国林业出版社,2010

50. (美)克雷格·S·坎贝尔,(美)迈克尔·H·奥格登 著,吴晓芙 译,《湿地与景观》,中国林业出版社,2005

51. 赵思毅,侍菲菲,《湿地概念与湿地公园设计》,南京:东南大学出版社,2006

52. 沈士华主编,《生态水景与湿地景观营造》,中国林业出版社,2016

53. 孙华金,《湿地精灵》,中国摄影出版社,2016

54. 济南市园林绿化工程质量监督站 编,《城市湿地公园园林工程技术规程》,山东科学技术出版社,2015

55. 陈文龙,《珠三角城镇水生态修复理论与技术实践》,中国水利水电出版社,2015

56. 梁吉艳,《环境工程学》,中国建材工业出版社,2014

57. 吴志强,李德华,《城市规划原理》,中国建筑工业出版社,2010

58. (美)霍尔姆斯·罗尔斯顿著,杨通进译,《环境伦理学:大自然的价值以及人对大自然的义务》,中国社会科学出版社,2000

59. 联合国教科文组织,《关于特别是作为水禽栖息地的国际重要湿地公约》,1987

60. 国家林业局,《湿地保护管理规定》,2017

61. 住房城乡建设部,《城市湿地公园管理办法》,2017

62. 住房城乡建设部,《城市湿地公园设计导则》,2017

63. Herbert Dreiseitl, Dieter Grau,《New Waterscapes: Planning, Building and Designing with Water》, Birkhauser, 2001.

64. Alexandros Stefanakis, Christos S. Akratos, Vassilios A. Tsihrintzis,《Vertical Flow Constructed Wetlands: Eco-engineering Systems for Wastewater》, Elsevier Science, 2014.

65. Gary Austin, Kongjian Yu,《Constructed Wetlands and Sustainable Development》, Routledge, 2016.

66. Donald A. Hammer,《Constructed Wetlands for Wastewater Treatment: Municipal, Industrial and Agricultural》, Lewis Publishers, CRC Press, 1989.

67. Craig S. Campbell, Michael H. Ogden,《Constructed Wetlands in the Sustainable Landscape》, New York, John Wiley & Sons Inc., 1999.

68. Paul A. Keddy,《Wetland Ecology: Principles and Conservation》, 2nd Edition, Cambridge University Press, 2010.

69. Julie K. Cronk, M. Siobhan Fennessy,《Wetland Plants: Biology and Ecology》, CRC Press, 2001.

70. Ralph W. Tiner,《Wetland Indicators: A Guide to Wetland Formation, Identification, Delineation, Classification, and Mapping》, CRC Press, 2016.

71. Nikole Brooks Bethea,《Wetland Ecosystems》, Abdo Publishing, 2015.

72. Milton W. Weller,《Wetland Birds: Habitat Resources and Conservation Implications》, Cambridge University Press, 1999.

73. Patrick J. Dugan,《Wetland Conservation: A Review of Current Issues and Required Action》, World Conservation Union, 1990.

74. Beth A. Middleton,《Wetland Restoration, Flood Pulsing, and Disturbance Dynamics》, John Wiley & Sons Inc., 1999.

75. Bastian, Robert K.,《Constructed wetlands for wastewater treatment and wildlife habitat : 17 case studies》, United States, Environmental Protection Agency, 1993.

76.Jan Vymazal, Lenka Kröpfelová,《Wastewater Treatment in Constructed Wetlands with Horizontal Sub-Surface Flow》, Springer, 2008.

77.P. F. Cooper, B. C. Findlater,《Constructed Wetlands in Water Pollution Control》, Pergamon Press, 1990.

78.Pete Melby, Tom Cathcart,《Regenerative Design Techniques: Practical Applications in Landscape Design》, John Wiley & Sons Inc., 2002.

79.Nigel Dunnett, James Hitchmough,《The Dynamic Landscape: Design, Ecology and Management of Naturalistic Urban Planting》, Taylor & Francis, 2004.

80.Brian R. Moss,《Ecology of Fresh Waters: A View for the Twenty-First Century》, John Wiley & Sons Inc., 2010.

81.Darold P. Batzer, Andrew H. Baldwin,《Wetland Habitats of North America: Ecology and Conservation Concerns》, University of California Press, 2012.

82.Robert H. Kadlec, Scott Wallace, Robert L. Knight,《Treatment Wetlands》, CRC Press, 1996.

83.Joy B. Zedler,《Handbook for Restoring Tidal Wetlands》, CRC Press, 2001.

84.Nick Romanowski,《Planting Wetlands and Dams: A Practical Guide to Wetland Design, Construction and Propagation》, Landlinks Press, 2010.

85.Kim Diana Connolly, Stephen M. Johnson, Douglas R. Williams,《Wetlands Law and Policy: Understanding Section 404》, American Bar Association, 2005.

86.Shuqing An, Jos T. A. Verhoeven,《Wetlands: Ecosystem Services, Restoration and Wise Use》, Springer, 2019.

87.Elizabeth P. Lawlor,《Discover Nature in Water and Wetlands: Things to Know and Things to Do》, Stackpole Books, 2000.

88.Catherine Owen Koning, Sharon M. Ashworth,《Wading Right In: Discovering the Nature of Wetlands》, The University of Chicago Press, 2019.

89.Didem Gokce,《Wetlands Management: Assessing Risk and Sustainable Solutions》, IntechOpen, 2019.

90.Maureen Gilmer,《Living on Flood Plains and Wetlands: A Homeowner's Handbook》, Lyons press, 2019.

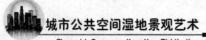
91.Gay M. Gomez,《The Louisiana Coast: Guide to an American Wetland》, Texas A & M University Press, 2009.

92.Gerardo Perillo, Eric Wolanski, Donald R Cahoon, Charles S Hopkinson,《Coastal Wetlands: An Integrated Ecosystem Approach》, 2nd Edition, Elsevier, 2019.

93.Honor Head,《Poisoned Wetlands》, Gareth Stevens Publishing, 2019.

94.Sharon Levy,《The Marsh Builders: The Fight for Clean Water, Wetlands, and Wildlife》, Oxford University Press, 2018.

95.Rod Giblett,《Cities and Wetlands: The Return of the Repressed in Nature and Culture》, Bloomsbury, 2016.

96.Nidhi Nagabhatla, Christopher D. Metcalfe,《Multifunctional Wetlands: Pollution Abatement and Other Ecological Services from Natural and Constructed Wetlands》, Springer International Publishing AG., 2018.

97.UNESCO,《The United Nations world water development report, 2017: Wastewater: the Untapped Resource》, UNESCO World Water Assessment Programme, 2017.

98.UNESCO《The United Nations world water development report 2019: leaving no one behind》, UNESCO World Water Assessment Programme, 2019.

99.UNESCO,《The United Nations world water development report 2020: water and climate change》, UNESCO World Water Assessment Programme, 2020.

100.UNESCO,《The United Nations world water development report 2018: nature-based》, UNESCO World Water Assessment Programme, 2018.

101.Ritu Singh, Sanjeev Kumar,《Green Technologies and Environmental Sustainability》, Springer International Publishing AG., 2017.

102.Douglas Farr,《Sustainable Urbanism: Urban Design With Nature》, Wiley, 2007.

103.Jürgen Breuste, Martina Artmann, Cristian Ioja, Salman Qureshi,《Making Green Cities: Concepts, Challenges and Practice》, Springer Nature Switzerland AG., 2020.

104.Norio Tanaka, Wun Jern Ng, K. B. S. N. Jinadasa,《Wetlands for Tropical Applications: Wastewater Treatment by Constructed Wetlands》,

Imperial College Press,2011.

105.Apryl Uncapher, Cleo Woelfle-Erskine,《Creating Rain Gardens: Capturing the Rain for Your Own Water-Efficient Garden》, Timber Press, 2012.

106.Nick Romanowski,《Wetland Weeds: Causes, Cures and Compromises》, CSIRO Publishing, 2011.

107.Thomas R. Biebighauser,《Wetland Drainage, Restoration, and Repair》, The University Press of Kentucky, 2007.

108.C. Colston Burrell, Brooklyn Botanic Garden,《The Natural Water Garden: Pools, Ponds, Marshes & Bogs for Backyards Everywhere》, Science Press, 1997.

109.Anthony Paul, Yvonne Rees,《The Water Garden》, Frances Lincoln, 2001.

110.Veronica Fowler,《Backyard Water Gardens: How to Build, Plant & Maintain Ponds, Streams & Fountains》, Cool Springs Press,2013.

111.Lee Anne White,《Water Garden Idea Book》, The Taunton Press, 2008.

112.Sylvan T. Runkel, Dean M. Roosa,《Wildflowers and Other Plants of Iowa Wetlands》, University Of Iowa Press, 2015.

后　记

　　从跟随陈六汀教授攻读硕士学位时开始本课题的研究。经过了几年的知识铺垫及之后在设计实践、教学、科研过程中的不断补充,本书终于面世。在过去的一、二十年里,城市化与自然生态之间的矛盾愈演愈烈,城市规划和景观设计理念也在逐渐发生变化。从绿化、美化到绿色设计、生态设计、海绵城市、可持续发展,我国城市建设过程中的生态理念在逐渐地成熟和发展,城市公共空间中成功的生态设计实践也越来越多。人工湿地景观艺术也逐渐被社会各界所认可和欣赏。然而,鉴于城市建设过程中的各方面的原因,人工湿地景观并没有得到广泛的普及和应用。希望本书的出版,能够促使社会各界对湿地资源有进一步了解,对人工湿地景观有进一步的认识,并且在推动城市公共空间生态景观建设方面起到一定的作用。

　　在本课题的研究过程中,我得到了我的硕士生导师陈六汀教授的悉心指导。陈老师严谨的学风、卓越的能力、乐观的精神和为人师表的高尚品德,时刻激励着我,使我在多年的求学和工作过程中克服种种困难,追求学术理想。对恩师的感激之情,实难言表,谨以此书作为表达。

　　在外求学的这几年,我在学术研究思路和设计理念方面也得到了多位良师益友的引导和帮助。我的导师 Rudolf Lückmann 教授活跃的思维、风趣的谈吐为我的研究方向打开了新领域。我的导师 Augustin Ioan 教授渊博的知识、悉心的指导为我的研究方法提供了更广泛的思路。Cristina Victoria Ochinciuc 教授在可持续发展方面丰富的信息和独到的见解使我受益匪浅,为本书的写作增添了精彩的内容。Andrea Haase 教授和 Angelika-Christina Brzóska 教授一直以来对我热情的关心和帮助,激励我在追求学术的道路上不断前行,尽最大可能做最好的自己。Alessandro Melis 教授在生态景观建筑方面的渊博知识、丰厚的实践经验和艺术创新精神给了我的极大的启发。与他一起工作和探讨的过程中,他对可持续设计事业全身心投入的精神也深深地感动着我。工程师 Greg Stepro 先生对我的写作时常提出富有哲理的建议,也给我带来新的灵感和思路。

我还要感谢在课题调研过程中湿地项目管理部门的领导、职员给予我的帮助,以及受访者的参与和配合。他们热心于生态环保事业,慷慨的为该课题贡献出了相关信息、知识、经验和时间。同时,衷心感谢山东艺术学院的领导和同事们对我的关爱和支持,感谢山东艺术学院科研成果出版基金的资助,使得本书得以顺利出版。

鉴于湿地生态系统丰富的生态价值、美学意蕴、文化内涵和经济效益,可以预见,其在将来的应用范围会越来越广。本书仅仅结合城市公共空间的可持续性发展,探讨人工湿地景观艺术的营建在其中的作用,对人工湿地系统的生态意义、艺术创造方法、美学价值和营造原则等内容作了初步的探讨。随着时代的变迁,科学技术的不断发展和研究领域的不断拓展,此课题也需要持续地进行充实和改善。恳请各位同行批评指正。